U0184126

草木果竹

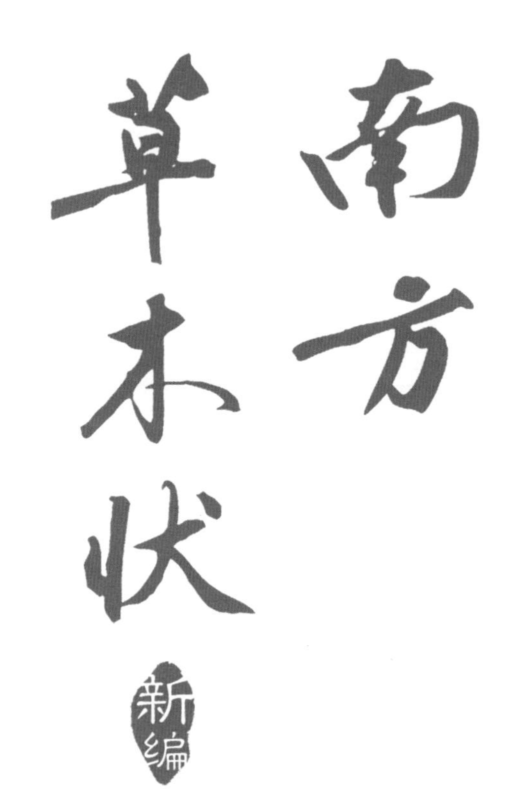

（晋）嵇含 著

沉音 编译

耿雪 绘

国家图书馆出版社

图书在版编目（CIP）数据

南方草木状新编 /（晋）嵇含著；沉音编译；耿雪绘．—北京：国家图书馆出版社，2022.8
ISBN 978-7-5013-7429-8

Ⅰ.①南… Ⅱ.①嵇… ②沉… ③耿… Ⅲ.①植物志－中国－西晋时代 Ⅳ.①Q948.52

中国版本图书馆CIP数据核字（2022）第012886号

书　　名　南方草木状新编
著　　者　（晋）嵇含著；沉音编译；耿雪绘
策　　划　曾　理
责任编辑　王燕来　黄　鑫
装帧设计　一瓢文化·邱特聪

出版发行　国家图书馆出版社（100034　北京市西城区文津街7号）
（原书目文献出版社　北京图书馆出版社）
010-66114536　63802249　nlcpress@nlc.cn（邮购）
网　　址　http://www.nlcpress.com →投稿中心
印　　装　北京雅图新世纪印刷科技有限公司
版次印次　2022年8月第1版　2022年8月第1次印刷

开　　本　710×1000　1/16
印　　张　11
书　　号　ISBN 978-7-5013-7429-8
定　　价　68.00元

编 写 委 员 会

主　编：张巧利　袁伟芬　殷炯棠　关丽珊　叶国华

副主编：吴林峰　黎创成　谢荣昆　曾　理　叶丽仙

参　编：侯大行　张志峰　阮永队　刘伟东　詹淑琦
何子君　王肖茹　李春燕　叶积堆　邓带琼
左宪枝　曾倩雯　刘玮瑛　许建仕

《南方草木状》问世于西晋永兴元年（304)，距今已有一千七百多年。作者嵇含是“竹林七贤”之一嵇康的侄孙。因书中所写尽是岭南地区植物乃至风土人情，后世读者常误以为作者是南方人，而据史料记载，嵇含，祖籍安徽，生于河南巩县（今巩义市)。今天的河南省巩义市鲁庄镇还有嵇含墓，此地还是“诗圣”杜甫的故乡。

嵇含为官南征北战，一生多在军旅中度过，驻扎岭南之际对当地植物产生浓厚的兴趣，于是广收博采，悉心寻访，记录下一些奇花异草、巨木修竹的形状、习性、用途、原产地等，后整理编写成《南方草木状》一书。他在此书中把我国南方的主要植物分属草、木、果、竹四大类，分条记述，独立成篇，内容长的不过三百来字，短则十余言，言简意赅、生动典雅，其中许多条目里还有逸闻趣事、民间传说，读来就是一篇文学性很强的状物小品。限于当时历史条件，书中所记难免有一些与现代科学不符的内容，但它对我国古代岭南农林、园艺、医药等领域的深远影响却是不容忽视的。全书虽然只记录了80种草木，但其内容在后世多部药学、花木专著及方志艺文中都有收录援引，如唐代苏敬的《新修本草》、宋代唐慎微的《经史证类备急本草》、明代李时珍的《本草纲目》等，可见此书影响之深远，如今更是被尊为我国第一部植物学专著。

南宋咸淳九年（1273）左圭主编的《百川学海》本，是现存《南方草木状》的最早刻本。商务印书馆《丛书集成》本以此为底本，校以其他版本，才刊印出更便于阅读的本子。时移世易，书中记载的植物名称有些流传至今，依然如故，有些演变的乍听不知何物，细读方能辨出，让人不由地生出“原来如此”之感。这些平凡的草木，可食、可药，也可寄情与赏玩，古今演变之中，又多了些历史故事，稍加释读，钩陈今名现状，配上栩栩如生的插画，就更便于“格物致知”了。

社会在发展，我们的吃穿用升级，不再关心哪些植物可以吃，哪种草木可以治病，匆忙之中，也无心分辨身边的一草一木。怅然之余，读读此书，可识草木之名，若有闲暇，于自然中对这些草木“一见如故”，则又会多一番乐趣。

东莞地处岭南，植物资源丰富，历代名医辈出。随着《关于促进中医药传承创新发展实施方案（2021—2025年）》的颁布，“大力弘扬中医药文化”成为了有关部门的重要任务之一。

本书是东莞市卫生健康局、东莞市中医药学会、东莞市中医院与“莞城文化周末”联合策划推出“悬壶莞邑”系列图书之一，本书是在东莞市教育局和东莞市文化广电旅游体育局的大力支持下编纂而成。将一千多年之前介绍岭南奇花异草、巨木修竹的《南方草木状》用现代的语言加以诠释，并配以精美插图，旨在配合东莞“中医药文化进校园”和乡土教育，使广大学生通过此书了解当地的一草一木，并对历史悠久、丰富灿烂的中医药文化有更深入的了解，从而得到爱家乡、爱祖国的精神升华。

由于编者水平有限，在文字及绘图上难免还有错误，望广大读者指正。

编者

2022年6月

目录

草类

木类

果类

竹类

草类

甘蕉
耶悉茗
末利
豆蔻花
山姜花
鹤草
甘藷
水莲
水蕉
蒟酱
菖蒲
留求子
诸蔗
草曲
芒茅

肥马草
冬叶
蒲葵
乞力伽
赪桐
水葱
芜菁
茄
绰菜
蕹
冶葛
吉利草
良耀草
蕙

草类

南方草木状新编

草类
甘蕉

甘蕉

望之如树，株大者一围余。叶长一丈，或七、八尺，广尺余、二尺许。花大如酒杯，形色如芙蓉，著茎末百余。子大，名为房，相连累，甜美，亦可蜜（密）藏。根如芋魁，大者如车毂。实随华，每华一阖，各有六子，先后相次，子不俱生，花不俱落，一名芭蕉，或曰巴苴。剥其子上皮，色黄白，味似蒲萄甜而脆，亦疗饥。此有三种：子大如拇指，长而锐，有类羊角，名羊角蕉，味最甘好；一种子大如鸡卵，有类牛乳，名牛乳蕉，微减羊角；一种大如藕，子长六、七寸，形正方，少甘，最下也。其茎，解散如丝，以灰练之，可纺绩为絺绤，谓之蕉葛。虽脆而好，黄白不如葛赤色也。交、广俱有之。《三辅黄图》曰：『汉武帝元鼎六年，破南越，建扶荔宫，以植所得奇草异木，有甘蕉二本。』

草类
甘蕉

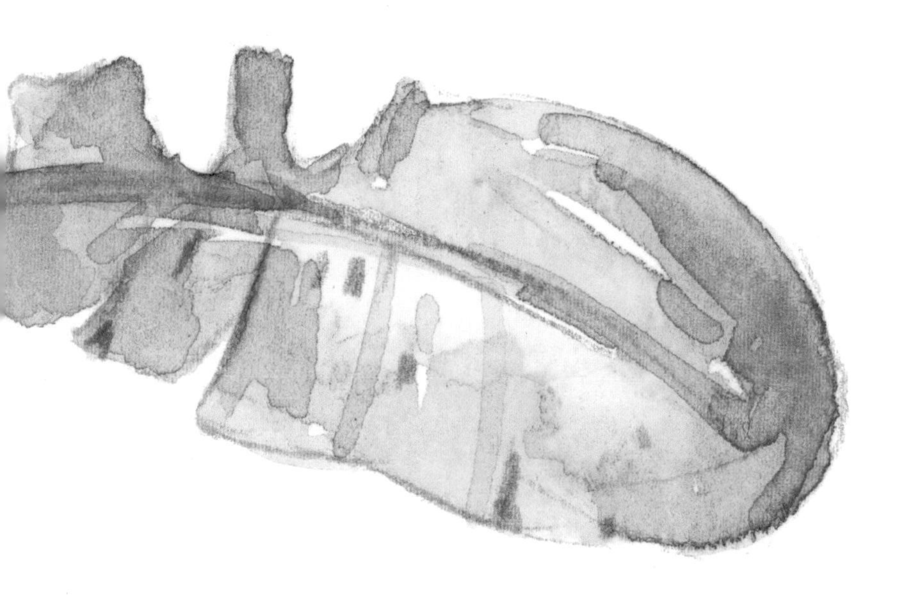

甘蕉，又叫芭蕉、或芭苴。植株像树一样高大，叶片宽广。古人有诗曰："移植甘蕉为绿阴，经年长大已成林。"可见甘蕉植株之大。芭蕉是古诗词中的常客，但更多是从观赏角度，"梅子留酸软齿牙，芭蕉分绿与窗纱。""窗前谁种芭蕉树？阴满中庭，阴满中庭，叶叶心心，舒卷有余情。"芭蕉与雨更配，"芭蕉得雨便欣然，终夜作声清更妍。"南方有丝竹乐《雨打芭蕉》。

甘蕉抽出的花茎末端开着一朵极像荷花的花，这朵花的每片苞片下又都有百余朵小花，随着这些小花依次开花、凋落，就结出一个个串串相连、味道甜美的果实。果肉黄白色。甘蕉根像芋头，大的如车轴一般。甘蕉品种很多，一种果实和拇指一样大，长而尖，像羊角，叫羊角蕉，味道最甜；一种果实和鸡蛋一样大，又像牛乳，叫牛乳蕉，味道稍逊于羊角蕉；一种像藕一样大，果实长六七寸，方形，不太甜，是最下等的。

这些羊角蕉、牛乳蕉很难与今天我们吃到的蕉类对应，今天常吃的两种是芭蕉和香蕉，香蕉细而长，芭蕉肥而短，香蕉表皮上有棱角，熟透以后会有一些褐色的斑，果肉偏黄色，口感香甜。芭蕉熟透后表面很光滑，果肉比较白，口感略带酸涩。

甘蕉的茎干捣散后如同细丝，加上石灰，可以纺织成葛布，叫蕉葛。这种葛布虽然硬，质量好，但颜色黄白不如红色葛布。交广一带都有种植甘蕉。《三辅黄图》记载，汉武帝元鼎六年（前 111），打败南越国，建扶荔宫，用来种植搜罗来的奇花异草，其中就有两株甘蕉。

草类
耶悉茗

耶悉茗

耶悉茗花、末利花，皆胡人自西国移植于南海，南人怜其芳香，竞植之。陆贾《南越行纪》曰：『南越之境，五谷无味，百花不香，此二花特芳香者，缘自胡国移至，不随水土而变，与夫橘北为枳异矣。彼之女子，以彩丝穿花心，以为首饰。』

耶悉茗花又叫野悉蜜、素馨花，和茉莉花一样都是胡人从西方移植到我国南方的，深得南方人喜爱，家家争相种植。汉代陆贾《南越行纪》中记载：南越地域，五谷缺少滋味，各种花朵都没有香气，只有这两种花格外芬芳，是因为从别的国家移植，并没有因为水土环境的变化而变得不香，和橘生淮北则为枳的情形完全不同。南方的女子用彩色丝线穿过花心，戴在头上。

素馨之名或许源于其素雅馨香的姿态，也有传说得名于五代时一位酷爱耶悉茗，而名叫素馨的美丽姑娘。旧时除了用彩线串缀的素馨花头饰——“花梳”外，每逢元宵、七夕、中秋等节日上的素馨花灯，也是不可缺少的点缀之物。素馨花还是护肤佳品，将茶油拌入素馨花，隔水加热，蒸油取液，可用来擦脸护发，润泽肌肤，滋养头发。《本草纲目》中就记载素馨花“采花压油泽头，甚香滑也”。素馨花全株无毒，可入药，也可食用。《岭南采药录》中记载：素馨花可解心气郁痛，止下痢腹痛。未开放的素馨花蕾，又名“素馨针”，可制作素馨花茶。

草类

末利

末利

花似蔷蘼之白者，
香愈于耶悉茗。

末利就是茉莉花，据说原本从印度随佛教来到中国，亦作抹厉、没利，来自梵语 Mallika。茉莉花像白色的蔷薇或者荼蘼花，香味比耶悉茗更浓郁。喜爱茉莉花的人很多，《好一朵美丽的茉莉花》这首民歌可以说是无人不知无人不晓，最初是流传于我国江南民间的小调《茉莉花》，清代刊印的戏曲剧本选集《缀白裘》中载有这首民歌的唱词："好一朵茉莉花，好一朵茉莉花，满园的花开赛不过它，本待要采一朵戴，又恐怕看花的骂。"传唱至今，词曲稍有变化，成为世界经典民歌《好一朵美丽的茉莉花》。

茉莉花茶则是京城人们的最爱，今天茶界如雷贯耳的吴裕泰、张一元等都是著名的京城茉莉花茶老字号。福州茉莉花茶，更是旧时宫廷贡品。还有成都的三花茶，苏州的"香片"。

茉茉花也是好食材。明《饮馔服食笺》中就记有"茉莉汤""茉莉叶"的食谱，称茉莉花熏蜜点汤甚香，茉莉花嫩叶熬豆腐是绝品。还有简单快手的茉莉花炒鸡蛋……都是香气四溢的茉莉花菜系。

草类

豆蔻花

豆蔻花

其苗如芦，其叶似姜，其花作穗，嫩叶卷之而生。花微红，穗头深色；叶渐舒，花渐出。旧说此花食之破气消痰，进酒增倍。太康二年，交州贡一篚，上试之有验，以赐近臣。

提到豆蔻花，大都会想起“豆蔻年华”一词，形容少女十三四岁的青春年华。典出于唐代杜牧的《赠别》一诗：“娉娉袅袅十三余，豆蔻梢头二月初。”他用枝头含苞待放的豆蔻花来形容体态轻盈，十三四岁的妙龄少女，这一千古妙喻一直流传至今。豆蔻花的幼苗如同芦苇，叶片像姜叶，花呈穗状，被卷曲的嫩叶包裹生长。花朵微红，花穗尖端颜色较深，叶片渐渐舒展，花朵也纷纷探出。恰如宋代诗人范成大《红豆蔻花》诗所描写的：“绿叶焦心展，红苞竹箨披。贯珠垂宝珞，剪彩倒鸾枝。且入花栏品，休论药裹宜。南方草木状，为尔首题诗。”这种红豆蔻既可做花园里漂亮的观赏花卉，又可以入药。李清照的词“豆蔻连梢煎熟水，莫分茶”，则写的是自己生病时用豆蔻煎成熟水饮用。元代陈元靓编写的《事林广记》中载有“豆蔻熟水”的制作方法：“白豆蔻壳捡净，投入沸汤瓶中，密封片时用之，极妙。”可见这种熟水是一种药用饮料。

又说吃豆蔻花可以破气消痰，让酒量大增。晋武帝太康二年（281），交州曾进贡一萎，皇上亲自试过，确实有效，还赏赐给了亲近的臣子。常见的豆蔻有草豆蔻、白豆蔻、红豆蔻几种，分属于姜科和肉豆蔻科。用作日常生活烹饪香料的豆蔻，在菜肴中起到助香、平衡味道的作用。

草类
山姜花

山姜花

茎叶即姜也，根不堪食。于叶间吐花，作穗如麦粒，软红色。煎服之，治冷气甚效。出九真、交趾。

山姜原产于九真、交趾郡，也就是今天越南的中部、北部地区。它的茎叶和姜长得一样，根却不能食用。山姜花非常美丽，花开于叶片中，嫩红色的花朵，似麦穗状，可食用也可入药，刘恂《岭表录异》载，山姜花“以盐水淹藏入甜糟中，经冬如琥珀色，辛香可爱，用为鲙，无以加矣。又以盐杀治曝干者，煎汤服之，极除冷气，甚佳”。就是把山姜花蕾浸入含盐的甜酒酿中，经过一个冬天就成了上佳的调味料，用来做肉，别的都不用加了。盐渍晒干，煎汤服用，驱寒保暖。山姜的嫩茎叶和花朵炒食、焯水之后凉拌，或者做汤都非常美味。

草类
鹤草

鹤草

蔓生，其花麹尘色，浅紫蒂，叶如柳而小短，当夏开花，形如飞鹤，觜翅尾足，无所不备。出南海，云是媚草。上有虫，老蜕为蝶，赤黄色。女子藏之，谓之媚蝶，能致其夫怜爱。

鹤草是蔓生类植物，花淡黄色，花蒂浅紫色，叶似柳叶稍短。夏季开花，花的形状如同飞舞的野鹤，嘴、翅、尾、足都齐全。多见于南海郡，传说是一种媚草。上面生长着一种虫子，成年后蜕变为赤黄色的蝴蝶。女子收集这种蝴蝶，称其为媚蝶，能让她们的丈夫对自己怜惜爱护。这种媚蝶就是以鹤草为食而长成的蝴蝶，唐代《岭表录异》记载："越女收于妆奁中，养之如蚕。摘其草饲之。虫老不食，而蜕为蝶，赤黄色。妇女收而带之，谓之媚蝶，能致其夫怜爱。"因此鹤草也被称为媚草。白鹤草，别名白鹤灵芝草、癣草、仙鹤草等，花形像展翅飞翔的白鹤，有润肺效果，用于治疗肺痨、肠胃病等。叶可以加工为白鹤灵芝茶，有清化热痰的效果，因其功效如灵芝所以叫白鹤灵芝草。

草类

甘藷

甘藷

盖薯蓣之类，或曰芋之类。根、叶亦如芋，实如拳，有大如瓯者，皮紫而肉白，蒸鬻食之，味如薯蓣，性不甚冷。旧珠崖之地，海中之人，皆不业耕稼，惟掘地种甘藷，秋熟收之，蒸晒切如米粒，仓囤贮之，以充粮糗，是名藷粮。北方人至者，或盛具牛豕脍炙，而末以甘藷荐之，若粳粟然。大抵南人二毛者百无一二，惟海中之人寿百余岁者，由不食五谷而食甘藷故尔。

古时甘藷多在南方种植，人们认为它和山药、芋艿是一类植物，根、叶也和芋艿相似，果实像拳头一样大，有大如瓦罐的。表皮紫色，果肉白色，蒸煮食用，味道和山药一样，性质不太寒，旧时珠崖一带打渔为生的人们不善耕种，就挖地种甘藷。秋天成熟后采收，蒸熟晒干切成米粒状，囤入粮仓，当作粮食，叫做藷粮。北方有人来，用烤牛肉猪肉招待，最后搭配着甘藷吃，就像吃稻米饭一样。大多数南方人长寿的不多，只有这些渔民有百岁老人，就是因为不吃五谷而吃甘藷的缘故。

今天的甘薯，学名番薯，不同地方称呼不同，有叫地瓜、白薯、红薯、山芋、甜薯、红苕等等。番薯原产于中南美洲，在15世纪末传入欧洲和东南亚，后又由虎门人陈益引入虎门种植。1989年，位于虎门金洲小捷山山腰的陈氏墓群以及旁边的番薯种植地遗址被公布为东莞市文物保护单位。今天我国著名的长寿之乡——海南澄迈地区，许多老人长寿的秘诀之一仍是常吃甘薯。甘薯已居防癌食品榜首。随着科技的发展，品种也更加多样，表皮颜色白、黄、淡红、紫红都有，果肉也有黄心的、白心的、紫心的。黄心的富含胡萝卜素，加工成薯干，是佐茶小食。白心的淀粉含量高，是制作红薯粉条的绝佳原料。紫心的富含花青素，防癌、抗衰老。饭后甜点拔丝红薯是一道经久不衰的菜，还有冬日里烤红薯的香味……

红薯叶的吃法也很多，鲜嫩的叶尖，焯烫后凉拌，是开胃小菜，加肉丝爆炒，别有风味，红薯叶烧汤、煮粥都是美味。

草类
水莲

水莲

花之美者，有水莲，如莲而茎紫，柔而无刺。

水莲很美，形似莲花但花茎是紫色的，柔软没有刺，又叫作睡莲、瑞莲、子午莲、玭碧花。睡莲的叶子和花浮在水面上，花白天绽放，夜晚闭拢，故名睡莲。自古睡莲同莲花一样被视为圣洁、美丽的化身，常被用来供奉女神，是泰国、埃及、孟加拉国的国花。《睡莲品种名录》记载有上千个睡莲品种，其中在世界各地广泛种植的就有 300 多种。睡莲叶片优美，花色丰富，有白、粉、紫、红等色，花开清雅动人。法国著名画家莫奈一生画了 200 多幅《睡莲》。

草类
水蕉

水蕉

如鹿葱，或紫或黄。吴永安中，孙休尝遣使取二花，终不可致，但图画以进。

水蕉，像鹿葱，花朵有紫色，有黄色。三国时期吴国永安年间，孙休曾经派人找这两种花，最终没能获得，人们只能画下来进献给他。大概水蕉是很美的观赏植物，如芭蕉、美人蕉。宋代诗人张镃的诗词中就多次描写到水蕉，如《水蕉》一诗："笼丛旧爱溪边树，路转清风尽日阴。窗下不生分别相，石盆秋水养蕉林。"宋代周去非的《岭外代答》"花木门""水蕉"条记载："水蕉，不结实，南人取之为麻缕，片干灰煮，用以织缉。布之细者，一匹直钱数缗。"说明水蕉是织布的好材料。

草类
蒟酱

蒟酱

荜茇也。生于蕃国者，大而紫，谓之荜茇。生于番禺者，小而青，谓之蒟焉。可以调食，故谓之酱焉。交趾、九真人家多种。蔓生。

蒟酱，就是荜茇。长在外国的，植株高大，颜色发紫的叫荜茇。长在番禺的细小发青的叫蒟。可以用作食物调味，所以叫酱。交趾、九真郡一带的人家多有种植。是蔓生植物，又名蒌叶、蒌藤、浮留藤、扶留藤，是重要的中药材，《本草纲目》记载蒟酱叶可健胃、止泻、化痰。蒟酱属于胡椒科植物，用为食品调料，类似今日的胡椒粉。王维《春过贺遂员外药园》诗有“蔗浆菰米饭，蒟酱露葵羹”一句，诗中的露葵指莼菜，就是在莼菜羹中加蒌叶调味。

草类
菖蒲

菖蒲

番禺东有涧，涧中生菖蒲，皆一寸九节。安期生采服仙去，但留玉舄焉。

菖蒲是中国传统文化中的仙草，端午节有在门边插菖蒲、艾草，饮雄黄酒、菖蒲酒的习俗，据说可以镇宅辟邪、驱虫祛疫、延年益寿。苏轼《端午帖子词·皇太后阁六首》中就有“万寿菖蒲酒，千金琥珀杯”的诗句。菖蒲四季常青，剑叶秀丽，深得文人墨客喜爱，常作为案头清供，与兰、菊、水仙，并称花草四雅。

番禺东部有一条小溪，溪中长满了菖蒲，都是一寸九节的。传说安期生采服成仙而去，只留下玉鞋子。千百年来，这个传说更是让人将菖蒲视为一种延年益寿的神药。菖蒲的种类很多，许多医药典籍记载菖蒲以“一寸九节者良”，所以有九节菖蒲之名。南宋爱国诗人谢枋得的《菖蒲歌》:“有石奇峭天琢成，有草夭夭冬夏青。人言菖蒲非一种，上品九节通仙灵。异根不带尘埃气，孤操爱结泉石盟。明窗净几有宿契，花林草砌无交情。……”将菖蒲的品性姿态描摹得很是详细。

草类
留求子

留求子

形如栀子，棱瓣深而两头尖，似诃梨勒而轻，及半黄已熟，中有肉白色，甘如枣，核大，治婴孺之疾。南海、交趾俱有之。

留求子，别名使君子、史君子、五梭子、索子果、冬均子等。是一种攀援状灌木，初夏开花，穗状花序成串倒悬在细长的花梗上，五瓣小花，初开时白色，慢慢变为淡红、深红、紫红，一株上渐次开花，于是往往白、红、紫三色相杂，蔚为奇观。花落后结出有五棱的果实，形状像栀子，瓣上的棱很深，两头尖尖，与诃梨勒相似但分量较轻，到颜色半黄时就成熟了，里面有白色的果仁，像枣一样甜，核比较大，治疗幼儿疾病。南海、交趾一带都有。这种果实就是中药里常用的肠胃驱虫药——使君子。清屈大均《广东新语》记载："留求子，草本，广州多有之，状如栀子，有五六棱瓣而两端锐，半黄已熟，壳脆薄，中有白肉微甘。小儿患食积者，煨熟与之食，以当干果，食辄下虫而疾愈，一名使君子。语曰：欲得小儿安，多食使君子。"使君子名字由来的传说很多，无外乎都与首先发现这种果子药用价值的人名、官职有关。

草类

诸蔗

诸蔗

一曰甘蔗。交趾所生者，围数寸，长丈余，颇似竹，断而食之甚甘。笮取其汁，曝数日成饴，入口消释，彼人谓之石蜜。吴孙亮使黄门以银碗并盖，就中藏吏取交州所献甘蔗饧，黄门先恨藏吏，以鼠屎投饧中，启言吏不谨。亮呼吏持饧器入，问曰：『此器既盖之，且有油覆，无缘有此，黄门将有恨汝？』吏叩头曰：『尝从臣求莞席，臣以席有数，不敢与。』亮曰：『必是此。』问之，具服。南人云，甘蔗可消酒，又名干蔗。司马相如乐歌曰：『太尊蔗浆折朝酲。』是其义也。太康六年，扶南国贡诸蔗，一丈三节。

草类
诸蔗

诸蔗，也叫甘蔗。交趾一带的甘蔗，有好几寸粗，一丈多长，很像竹子，砍来吃很甜。榨取甘蔗汁，暴晒几天变成糖饴，入口即化，当地人把它叫作石蜜。三国时期吴王孙亮派宦官拿带盖的银碗，去找掌管皇家仓库的官吏取交州进贡的甘蔗糖稀，宦官与藏吏有过节，把老鼠屎投入糖稀中，向吴王状告藏吏管理不严谨。孙亮命令藏吏带着盛放糖稀的器具来，问道："这个容器盖得很严，外面又有油密封，不该有老鼠屎，是不是宦官记恨你？"藏吏叩头说："他曾经找我要莞草席，我因为席子数量有限，没有给他。"孙亮说："一定是因为这个。"问宦官，果然承认了。南方人说甘蔗可以解酒，又叫干蔗。司马相如的乐歌中描写的"太尊蔗浆折朝酲"就是这个意思。太康六年（285），扶南国进贡的诸蔗，一丈有三节。

甘蔗自古以来就是制糖的原料。宋代的《糖霜谱》是世界上第一部甘蔗炼糖术专著。明宋应星的《天工开物》"甘嗜篇"详细记载了制作白糖和冰糖的方法。我们日常食用的冰糖、白砂糖、绵白糖、赤砂糖等食用糖类的主要成分就是蔗糖，而蔗糖的主要原料是甘蔗和甜菜。当然甘蔗本身是水果，汁多味甜，除了直接吃还可以烤着吃，比生吃口感软一些，味道像煮雪梨、马蹄。榨汁喝就更方便了。

《世说新语》中有一个小故事，说东晋书画家顾恺之非常喜欢吃甘蔗，但他先从不甜的甘蔗尾吃起，别人问他为什么，他说这样吃才能渐至佳境。他的渐至佳境就是越来越甜。后来就有了"倒吃甘蔗"的俚语，形容事物"渐渐进入美好的状况"。

草类
草曲

草曲

南海多美酒，不用曲蘖，但杵米粉，杂以众草叶，冶葛汁涤溲之。大如卵，置蓬蒿中荫蔽之，经月而成。用此合糯为酒，故剧饮之，既醒，犹头热涔涔，以其有毒草故也。南人有女，数岁即大酿酒。既漉，候冬陂池竭时，置酒罂中，密固其上，瘗陂中。至春潴水满，亦不复发矣。女将嫁，乃发陂取酒，以供贺客，谓之女酒，其味绝美。

南海郡有很多美酒。那里酿酒不用酒曲，而是用杵研磨的米粉，掺杂各种草叶，加入葛汁使其发酵。团成鸡蛋大小，放在蓬蒿中阴干，几个月就成了草曲。用它和糯米做成的酒，痛饮后即使酒醒也会满头大汗，因为其中有毒草。南方人家中有女儿的，在孩子几岁大的时候就开始酿酒，冬天池塘干涸的时候，装入酒坛密封，埋在池塘中。等到春天水满也不挖出来。女儿将要出嫁之时，才挖出酒坛，招待宾客，称作女酒，味道极好。这种女酒大概就是后来声名鹊起的绍兴女儿酒“花雕酒”的前身。

草类
芒茅

芒茅

枯时，瘴疫大作，交、广皆尔也。土人呼曰黄茅瘴，又曰黄芒瘴。

芒茅枯萎时节，瘴疫大规模爆发，交广一带都是如此。当地人称作黄茅瘴，又叫黄芒瘴。

茅草的种类很多，《本草纲目》卷十三“白茅”条详细记载了白茅、菅茅、黄茅、香茅、芭茅数种茅草的性状用途，未见芒茅，但有“芭茅丛生，叶大如蒲，长六七尺，有二种，即芒也”一句，芒茅或许是芭茅也未可知。而芒草和茅草都是禾本科植物，叶相似，远看都很像，芒茅大约是泛指这类植物。

茅草作为生命力极强的野草，却用途广泛，根做药用，新鲜的茎叶可做饲料，干枯的茎叶可做燃料，也是造纸的原料；花苞里白嫩的花序一度是旧时馋嘴孩童的“美食”，老去的花序茎秆扎成扫把，轻巧耐用；旧社会常见的穷人家的茅草屋如今已是用来观赏的田园风光。

至于黄茅瘴，当然是瘴气所致，而瘴气多发的时节恰与茅草、芒草枯萎的时节相近，古人对瘴气认知不足，才有此联系。

草类
肥马草

肥马草

南方冬无积藁，濒海郡邑多马。有草，叶类梧桐而厚，取以秣马，谓之肥马草。马颇嗜而食，果肥壮矣。

南方冬天不囤积蒿草，临海的郡县多养马。有一种草，叶子像梧桐叶但更厚一些，用来喂马，叫肥马草。马很喜欢吃，吃了果然又肥又壮。马是很容易饲养的动物，采食范围很广，除了饲料，主要吃的草有羊草、猫尾草、茅草、黑麦草、串叶松香草、草地早熟禾等，肥马草究竟是哪一种草不好说，叶子像梧桐叶的大概是茭白、野葛之类的。

草类

冬叶

冬叶

姜叶也。苞苴物，交、广皆用之。南方地热，物易腐败，惟冬叶藏之，乃可持久。

冬叶，也叫柊叶，形状像姜叶，宽大的像芭蕉叶，交广一带的人们拿它包东西用。南方气候炎热，食物容易腐坏变质，用冬叶包裹才能贮藏较长时间。清人李调元的《南越笔记》中关于柊叶的描述很详细："有柊叶者，状如芭蕉叶。湿时以裹角黍，干以包苴物，封缸口。盖南方地性热，物易腐败，惟柊叶藏之，可持久，即入土千年不坏。柱础上以柊叶垫之，能隔湿润。亦能理象牙使光泽。"这种神奇的叶子，能包粽子，包食物，封缸口，具有防腐保鲜的功能。垫防柱基，防潮隔湿，还能打理象牙使之更有光泽。《中华本草》中介绍，柊叶的根块有清热解毒的功效。叶片还能清热利尿，治音哑、喉痛、口腔溃疡等。

草类
蒲葵

蒲葵

如栟榈而柔薄，可为葵笠。出龙川。

蒲葵，别名扇叶葵、蓬扇树、葵扇木，和棕榈树长得很像，但比棕榈树高大，叶子也更柔软纤薄，可以用来制作葵扇、斗笠。主要产于龙川，就是今天的广东省东北部。广东江门新会，正是蒲葵之乡。清代文学家李调元《南越笔记》卷一中记载：“按粤俗，以葵衣御雨。《通志》云：新会蒲葵，其本作扇，其末作蓑笠、蕈席。又有一种油葵，出阳江恩平，性柔，止可作蓑笠。”过去没有电风扇、空调的夏日，蒲扇是最方便实用的纳凉工具，如今已被加工成更精美的高级工艺品。蒲葵叶裂片的肋脉也可用来制作牙签，果实及根可入药，有抗癌、止痛之功效。

草类
乞力伽

乞力伽

药有乞力伽，术也，濒海所产，一根有至数斤者。刘涓子取以作煎，令可丸，饵之长生。

有一种药叫乞力伽，也就是术，临海地区所产，一根有重达数斤的。古人刘涓子取来煎煮，做成药丸，吃了可以长生。术在《神农本草经》中被列为上品，称其“作煎。久服，轻身、延年、不饥”。有白术、苍术等种类，是一种多年生草本植物，根茎可入药。《妇人大全良方》中有方剂乞力伽散：“治血虚肌热。又治小儿脾虚蒸热、羸瘦，不能饮食。”古代很多药方里都会用到白术，有名的四君子汤，用的有人参、白术、茯苓、炙甘草四种，之所以叫四君子汤是因为这四味药是补正气的，药性平和如君子。现在注重养生的人们还钟爱乞力伽养生茶。

草类
赪桐

赪桐

赪桐花，岭南处处有，自初夏生至秋，盖草也。叶如桐，其花连枝萼，皆深红之极者，俗呼贞桐花。贞、音讹也。

赪桐花，岭南到处都有，从初夏生长到秋天，是草本植物。叶子像梧桐叶，花、枝干和花萼，都是很深的深红色，因为把“赪”误读为“贞”，就俗称贞桐花了。赪，读 chēng 音，意为红色。南宋诗人陆游羁旅无聊时梦回闽南，记起的是赪桐花和红蕉，有“唤起十年闽岭梦，赪桐花畔见红蕉”的诗句，可见赪桐花在当时福建岭南地区的繁盛景象。赪桐于每年的六七月盛开，红红火火，正是高考时节，人们就借此美好寓意，把这种花叫“状元红”。根据《中国植物志》记载：“赪桐全株药用，有祛风利湿、消肿散瘀的功效。云南作跌打、催生药，又治心慌心跳，用根、叶作皮肤止痒药；湖南用花治外伤止血。”对于爱吃善吃的云南人来说，赪桐花是典型药食两用的食材，当地人将花采下后洗净，与打好的蛋花一起煮食或者炖蛋食用，认为具有活血散瘀、消肿解毒的功效。

草类
水葱

水葱

花叶皆如鹿葱，花色有红、黄、紫三种，出始兴。妇人怀妊，佩其花生男者即此花，非鹿葱也。交、广人佩之极有验。然其土多男，不厌女子，故不常佩也。

水葱，花和叶子都像鹿葱，花色有红、黄、紫三种，产于始兴县（三国时东吴设立，在今广东省北部）。妇女怀孕，佩戴它的花能生男孩，说的就是水葱花，不是鹿葱。交广一带的人佩戴过很灵验。但是当地多男子，不讨厌女子，所以不常佩戴。三国时曹植有《宜男花颂》："草号宜男，既晔且贞。"水葱是茖葱的一种。《本草纲目》中记载："茖葱，野葱也。山原平地皆有之。生沙地者名沙葱，生水泽者名水葱。"水葱和鹿葱长得很像，所以很容易混淆，常令古人混淆的还有萱草和鹿葱，连李时珍也以为萱草就是鹿葱。直至明代的《群芳谱》才指出鹿葱与萱草的不同："鹿葱色颇类萱，但无香尔。因鹿喜食之，故名。"而在许多古籍和诗词中有"宜男草"之称的是萱草，水葱不是萱草，或因这种说法流传已久，人们就顺理成章地把萱草当作"宜男草"了。

草类

芜菁

芜菁

岭峤以南俱无之。偶有士人因官携种，就彼种之，出地则变为芥，亦橘种江北为枳之义也。至曲江方有菘，彼人谓之秦菘。

芜菁，在岭峤以南都没有。偶然有读书人到外地做官，携带种子到那里种植，长出来却变成了芥，如同橘子种到江北变成枳之理。到了曲江才有菘，当地人叫作秦菘。

芜菁又称蔓菁，在古诗词中常和菲一起出现，《诗经》中有“采葑采菲，无以下体”的诗句，葑即芜菁，菲是萝卜。芥是芥菜，现在有很多变种，常吃的有叶用芥菜雪里蕻，茎用芥菜榨菜，根用芥菜大头菜等，芥菜的种子磨成粉就是“芥末”。“菘”是白菜的古称，因白菜和松树一样，经冬不凋，故名。古时这几种蔬菜的品种大概都比较单一，茎叶相似，容易误认。蔓菁和萝卜很像，但蔓菁蒸熟后吃起来口感松软，甘甜中略带怪味，可以当作主食吃，萝卜多做配菜。

草类
茄

茄

茄树，交、广草木，经冬不衰，故蔬圃之中种茄。宿根有三、五年者，渐长枝干，乃成大树，每夏、秋盛熟，则梯树采之。五年后，树老子稀，即伐去之，别栽嫩者。

茄子是餐桌上常见的蔬菜，在南北方广泛种植，有烧、焖、蒸、炸、拌各色吃法，肉末茄子、红烧茄子、鱼香茄子、炸茄盒、清蒸茄子等深受人们喜爱。我国种植茄子已有一千多年的历史，古代交广地区的茄子，经冬不枯萎，人们的菜园子多有栽种，有三、五年的老根茄子会逐渐长出枝干，乃至长成大茄树，每到夏秋季节成熟，需要搭梯子采摘。五年后树老了结果少了，就砍掉，另外栽种新苗。如今长成大树的茄子不多见，但茄子果形和果色更多样了，果形圆的、长条的，颜色白、绿、橙、紫红、紫至深紫黑色都有。

草类
绰菜

绰菜

夏生于池沼间，叶类茨菰，根如藕条。南海人食之，云令人思睡，呼为瞑菜。

绰菜，夏天长在池塘泥沼中，叶子像茨菰，根像藕条。南海一带的人吃后说会让人想睡觉，就把它叫作瞑菜。《本草纲目》记载它："味甘，微苦，寒，无毒，主治心膈邪热，不得眠。"因为食之令人思睡的特性，人们也把它叫作"醉草""睡菜"。开白色的花，花冠上有流苏状长柔毛，也很特别。现代科学研究认为，绰菜中含有的多种化学成分确实能治疗消化不良、失眠等症。绰菜叶还是制作啤酒的苦味料。

草类

蓷

蕹

叶如落葵而小，性冷，味甘。南人编苇为筏，作小孔，浮于水上。种子于水中，则如萍，根浮水面。及长，茎叶皆出于苇筏孔中，随水上下，南方之奇蔬也。冶葛，有大毒，以蕹汁滴其苗，当时萎死。世传魏武能啖冶葛至一尺，云先食此菜。

蕹的叶子像落葵，但更小，物性偏冷，味道甘甜。南方人把芦苇编成筏子，钻上小孔，让它浮在水面上。在水里撒上蕹的种子，像浮萍一样，根浮在水面。等到长大了，茎叶都从芦苇筏子的孔中长出来，随着水波起伏，是南方的神奇蔬菜。冶葛的毒性很强，把蕹菜汁液滴在冶葛的幼苗上，立刻就枯萎了。传说魏武帝曹操能吃下一尺长的冶葛，就是先吃了蕹菜。

冶葛是有名的毒草，传说中的断肠草，蕹菜能解冶葛毒的说法一直流传着，在很多本草书里都有记载。现在的蕹菜再家常不过，就是常吃的空心菜，又名藤藤菜、蕹菜、通菜、通心菜、无心菜、竹叶菜等，开白色喇叭状花，因其梗中心是空的，所以叫“空心菜”。幼嫩的茎叶，清炒、凉拌都是美味，做汤的味道像菠菜。品种也逐渐改良，南北方均有种植，水培、土栽都可，生命力顽强。

草类

冶葛

冶葛

毒草也。蔓生，叶如罗勒，光而厚，一名胡蔓草。置毒者多杂以生蔬进之，悟者速以药解。不尔，半日辄死。山羊食其苗，即肥而大，亦如鼠食巴豆，其大如㹠，盖物类有相伏也。

冶葛，是一种毒草。蔓生。叶子像罗勒，光滑厚实，又叫胡蔓草。投毒的人常把它掺杂在新鲜蔬菜中，发现的人要立即服解药，不然，半天时间就会死亡。《本草纲目》“钩吻”条下记载：“钩吻即胡蔓草，今人谓之断肠草是也。”传说遍尝百草的神农氏就是吃了这种藤上开着淡黄色小花的植物的叶子，肠子断成一截一截的，来不及解毒，断送了性命，因此这种植物被人们称为断肠草。金庸的武侠小说《神雕侠侣》中的杨过身中情花之毒痛不欲生，却靠断肠草解了毒。据说山羊吃了冶葛幼苗，就能长得又肥又大，像老鼠吃巴豆，能长得像一头猪一样大。人吃了致命，但是动物吃了长肉，这大概就是生物之间的相生相克吧。断肠草因剧毒而赫赫有名，但叫断肠草的毒草却不只有冶葛，全国各地有很多种毒草都叫断肠草。综合历代本草记载，断肠草应该是含有毒性的一类花草的通称。

草类
吉利草

吉利草

其茎如金钗股，形类石斛，根类芍药。交、广俚俗多蓄蛊毒，惟此草解之极验。吴黄武中，江夏李俣以罪徙合浦，始入境，遇毒。其奴吉利者偶得是草，与俣服，遂解。吉利，即遁去，不知所之。俣因此济人，不知其数，遂以吉利为名。岂李俣者徙非其罪，或俣自有隐德，神明启吉利者救之耶？

吉利草的茎像金钗股，外形像石斛，根像芍药。交广地区多养蛊毒，只有这种草解毒很灵。三国时吴国黄武年间，江夏的李俣因犯罪被流放到合浦，刚到就中了毒。他的奴仆名叫吉利的偶然得到了这种药草，给李俣服用，得以解毒。吉利随后就离开了，不知所踪。李俣后来用这种药救了很多人，就用吉利的名字给这种药草命名。难道李俣被流放不是他的罪过，或者李俣有不为人知的功德，神明安排吉利这个人来救他？

这也许是吉利草名字由来的传说。古时的合浦郡环境恶劣，是流放犯人的毒瘴之地，而这些犯人多是见罪于当权者的官宦，李俣被流徙到合浦，却用吉利草济人无数，在合浦百姓眼中这个犯人是有神明庇佑的有才德之人。

草类
良耀草

良耀草

枝、叶如麻黄，秋结子，如小粟。煨食之，解毒，功不亚于吉利。始者有得是药者，梁氏之子耀，亦以为言（名）『梁』转为『良』尔。花白，似牛李。出高凉。

良耀草的枝、叶像麻黄，秋天结果，像小小的粟米，小火煮熟后吃，可以解毒，功效不比吉利草差。最初发现这种药的人，是梁家的儿子名叫耀的，就以他的名字命名，只是“梁”误传为“良”了。花像牛李一样白，产于高凉郡。

《本草纲目》中记载吉利草：“根，苦，平，无毒，解蛊毒极验。”良耀草在吉利草条下，解毒功效与吉利草相近。旧时蛊毒传说是南方少数民族中流传的一种巫术，一般泛指蛇虫之毒，典籍中记载有很多药物可解蛊毒，或因年代久远，物种变迁，良耀草、吉利草等药草现今已难找到对应的实物了。

草类
蕙

蕙

蕙草，一名薰草，叶如麻，两两相对。气如蘼芜。可以止疠。出南海。

蕙草，也叫薰草，叶子像黄麻，两两相对而生。香气像蘼芜。可用来防止瘟疫。产于南海一带。早在《山海经·西山经》中就有关于薰草的记载："（浮山）有草焉，名曰薰草，麻叶而方茎，赤华而黑实，臭如蘼芜，佩之可以已疠。"味道很香，佩戴着可以防治瘟疫。蕙草是古代著名的香草，在古典文学作品中常和兰并提，吟咏植物最多的《楚辞》中就多次出现蕙草，是善良高洁的象征，后世有成语"兰心蕙质"。很多人认为蕙草是湖南永州特产的"零陵香"，如宋《图经本草》载："零陵香，今湖、岭诸州皆有之，多生下湿地。叶如麻，两两相对，茎方，气如蘼芜，常以七月中旬开花，至香。古所谓薰草也，或云，薰草亦此也。"零陵香是我国本土的传统香料，俗名佩兰，叶、茎、花、种子都有香味，应用极其广泛。

木类

枫人
枫香
熏陆香
榕
益智子
桂
朱槿
指甲花
蜜香
沉香
鸡骨香
黄熟香
栈香
青桂香

马蹄香
鸡舌香
桄榔
诃梨勒
苏枋
水松
刺桐
棹
杉
荆
紫藤
榼藤
蜜香纸
抱香履

南方草木状新编

木类

木类
枫人

枫人

五岭之间多枫木，岁久则生瘤瘿，一夕遇暴雷骤雨，其树赘暗长三、五尺，谓之枫人。越巫取之作术，有通神之验。取之不以法，则能化去。

五岭地区长有很多枫树，时间久了树就长出了树瘤，一旦遇到雷雨，树瘤就突然长大三、五尺，被叫作枫人。南越的巫师取这种枫人作法，有通神的功效。取的方法不对，枫人就会消散。老枫树上生长的形似人形的瘿瘤称之为枫人。白居易《送客春游岭南二十韵》中就有“天黄生飓母，雨黑长枫人”的诗句。任昉的《述异记》则记载：“南中有枫子鬼，枫木之老者，为人形，亦呼为‘灵枫’。”生长年久的老枫树可长成人形，被称作“枫子鬼”或“灵枫”。许多诗词典籍中都有“枫人”“枫子鬼”的典故。枫，在《太平广记》中被列入异木。

木类
枫香

枫香

树似白杨，叶圆而歧分，有脂而香。其子大如鸭卵，二月华发，乃着实。八九月熟，曝干可烧。惟九真郡有之。

枫香，树干像白杨树，树叶圆形但有分裂，树脂很香，可药用和制作香料，叫作白胶香。它的果实像鸭蛋一样大，二月开花，然后结果，八九月份成熟，晒干可作燃料。果实在中药材中叫路路通，《本草纲目拾遗》描述："外有刺球如栗壳，内有核，多孔穴，俗名路路通。"果实表面萼刺间有许多黑洞，是互相通着的，因此得名路路通，其实这些黑洞是种子掉落后留下来的种子坑。古时只有九真郡有这种树。

木类
熏陆香

熏陆香

出大秦。在海边有大树，枝、叶正如古松，生于沙中。盛夏，树胶流出沙上，方采之。

《中华本草》《全国中草药汇编》记载：熏陆香为漆树科植物黏胶乳香树所产的树脂，主要产于地中海沿岸地区。此树开红色小花，结红色小果。枝干上滴出的透明树脂像小泪珠，干燥后则像晶莹剔透的玻璃珠，气味与丝柏接近。除了作香料用来制作牙膏、香皂、香口胶、精油等日用品、化妆品外，还可用作食品添加剂，比如土耳其甜点中有加入熏陆香树脂而Q弹的熏陆香饼干，添加熏陆香粉的熏陆香口味蛋糕，乃至熏陆香汽水。据说古希腊人曾用熏陆香树脂美白牙齿，可谓是人类最早的口香糖了。

古人不易见到熏陆香树，认为它产于大秦国（古时的东罗马帝国，也即拜占庭帝国）。是一种长在海边的大树，枝叶像古松，在沙地中生长。盛夏时，树脂流到沙上就能采集了。而作为药用香材，功效与乳香接近，常被认为与乳香是同一种香料。

木类
榕

榕

榕树，南海、桂林多植之。叶如木麻，实如冬青。树干拳曲，是不可以为器也。其本棱理而深，是不可以为材也。烧之无焰，是不可以为薪也。以其不材，故能久而无伤。其荫十亩，故人以为息焉。而又枝条既繁，叶又茂细，软条如藤垂下，渐渐及地。藤梢入地，便生根节，或一大株有根四五处，而横枝及邻树即连理。南人以为常，不谓之瑞木。

榕树，南海郡、桂林郡多有种植。树叶像木麻，果实像冬青的果实。树干蜷曲，所以不能做成器具。树干有棱，纹理很深，所以不能做梁柱。烧了没有火焰，所以不能作柴火。因为它没有用处，所以能毫无损伤地生长很久。树荫能覆盖十亩地，所以人们在树下休息。而且它的枝条繁茂，叶子细密，柔软的枝条像藤蔓一样垂下，渐渐接近地面，藤梢一到土中就生根发芽，有一棵大树有四五处根的。横生的树枝和旁边的树连在一起成了连理树，南方人习以为常，并不觉得这是祥瑞之木。

榕树在人们眼中不能打造器具，不可做栋梁之材，甚至不堪做烧火的柴，似乎毫无用处，因为无用，反而免遭砍伐，得以安然生长成参天大树，往往独木成林，枝繁叶茂荫蔽后人。华南和西南等亚热带地区利用榕树创造出热带雨林的自然景观，蔚为壮观。古典园林中摆放的榕树盆栽植株、树桩盆景别有意趣。

木类
益智子

益智子

如笔毫，长七八分。二月花，色若莲。著实，五六月熟。味辛，杂五味中芬芳，亦可盐曝。出交趾、合浦。建安八年，交州刺史张津尝以益智子粽饷魏武帝。

益智子，像毛笔笔尖，长七八分。二月开花，颜色像莲花。结果后五六月间成熟。味道辛辣，与其他味道混合很香，也可以盐渍晒干。产于交趾、合浦地区。东汉建安八年（203），交州刺史张津曾经把益智子粽子进献给魏武帝曹操。除了历史悠久的益智粽，益智子还是佐酒的零食，《异物志》谓益智子“味辛辣，饮酒食之佳”，《北户录》云：“辩州以蜜渍益智子，食之亦甚美。”

益智子即益智仁，是我国四大南药之一（另外三个是槟榔、砂仁和巴戟天），顾名思义，它能益智。古时人们常在入学或临考前赠送益智仁，寄予学子考取功名的美好祝愿，所以又叫它“状元果”。

木类
桂

桂

出合浦。生必以高山之巅，冬夏常青，其类自为林，间无杂树。交趾置桂园。桂有三种：叶如柏叶，皮赤者，为丹桂；叶似柿叶者，为菌桂；其叶似枇杷叶者，为牡桂。《三辅黄图》曰：『甘泉宫南有昆明池，池中有灵波殿，以桂为柱，风来自香。』

桂树原产于合浦郡，通常长在高山顶上，四季常青，长出一片桂树林，没有其他杂树。交趾郡建有桂园。桂树有三种：叶子像柏树叶，树皮红色的，是丹桂；叶子像柿子叶的，是菌桂；叶子像枇杷叶的，是牡桂。这种原产于合浦郡，四季常青的桂应当是我们今天所说的肉桂。肉桂全株有香味，是食品中主要的香辛料，如桂皮、香叶是古今常用的调料，桂油也广泛用于食品饮料的增香、医药配方和化妆品中。古代文学作品中常出现的"桂栋""桂棹"，是指 桂木作的梁栋、船桨。"桂酒""桂浆"则是用桂枝、桂皮泡的酒。《三辅黄图》记载甘泉宫南边有个昆明池，池中有座灵波殿，以桂木作柱子，风吹过就散发出香味。《楚辞·九歌·湘夫人》中有"桂栋兮兰橑"之句，"兰橑（椽）"配"桂栋"，象征君子和忠臣。

称桂的还有月桂和别名木樨的桂花。月桂产于地中海沿岸，人们用月桂枝叶编织的花环戴在胜利者头上，称作"桂冠"。我们平常所说的桂多指桂花，别名木樨，中秋节前后盛开，桂子飘香，佳节佳景。蟾宫折桂代表金榜题名。我国古代神话传说月亮上吴刚砍伐的桂花树，实际是把木樨称作月桂了。桂花可泡茶、酿酒、制作糕点，宋朝林洪的《山家清供》中记有鲜桂花做的"广寒糕"，别有新意。

木类
朱槿

朱槿

朱槿花，茎、叶皆如桑，叶光而厚，树高止四、五尺，而枝叶婆娑。自二月开花，至中冬即歇。其花深红色，五出，大如蜀葵，有蕊一条，长于花叶，上缀金屑，日光所烁，疑若焰生。一丛之上，日开数百朵，朝开暮落，插枝即活。出高凉郡。一名赤槿，一名日及。

朱槿花，茎、叶都像桑树，叶子光滑厚重，树高只有四五尺，却枝叶茂密。从二月开花，到仲冬才停止。它的花深红色，每朵五片花瓣，和蜀葵一样大，有一条长长的花蕊从花叶中伸出，花蕊上点点金色，太阳一照，像被点燃了一样。一丛朱瑾上一天开数百朵花，早上开花傍晚凋落，枝条插入土里就能成活，原产于高凉郡。又叫赤槿、日及、扶桑。《海内十洲记·带洲》记载："多生林木，叶如桑。又有椹，树长者二千丈，大二千余围。树两两同根偶生，更相依倚，是以名为扶桑也。"茎、叶像桑树，所以叫扶桑。李时珍《本草纲目》载扶桑为木槿别种，木槿花有红黄白三色，红者尤贵，呼为朱槿。古人视之为神木，在神话传说中日出于扶桑之下，"金乌朝起扶桑，夜栖若木"，金乌指太阳。大概因为朱槿耀目的红色，许多养颜方、养生经都说朱槿花有润容悦颜、补血益寿的功效。

木类
指甲花

指甲花

其树高五六尺，枝条柔弱，叶如嫩榆，与耶悉茗、末利花皆雪白，而香不相上下，亦胡人自大秦国移植于南海。而此花极繁细，才如半米粒许，彼人多折置襟袖间，盖资其芬馥尔。一名散沫花。

指甲花的树高五六尺，枝条柔软，叶子像嫩榆树叶，和耶悉茗、茉莉花一样都是雪白色的，香味也不相上下，也是胡人从大秦国移植到南海郡的。这种花非常细小，只有约半颗米粒大，当地人常折花放在衣袖间，取其芳香。又叫散沫花。我们比较熟悉的染指甲的花是凤仙花，散沫花用以染色的则是叶子，有民歌记载："指甲叶，凤仙花，染成纤爪似红芽。"除了染指甲，散沫花是有记载的最早用来染发的植物染发剂之一，其叶可作红色染料，花可提取香油，如今已被列入国家印发的天然化妆品原料之中。

蜜香
鸡骨香
栈香
马蹄香

沉香
黄熟香
青桂香
鸡舌香

案此八物，同出于一树也。交趾有蜜香树，干似柜柳，其花白而繁，其叶如橘。欲取香，伐之。经年，其根、干、枝、节各有别色也。木心与节坚黑沉水者，为沉香。与水面平者，为鸡骨香。其根，为黄熟香。其干，为栈香。细枝紧实未烂者，为青桂香。其根节轻而大者，为马蹄香。其花不香，成实乃香，为鸡舌香。珍异之木也。

蜜香 沉香 鸡骨香 黄熟香 栈香 青桂香 马蹄香 鸡舌香

蜜香、沉香、鸡骨香、黄熟香、栈香、青桂香、马蹄香、鸡舌香，这八种香是来自同一种树上的。交趾郡有一种蜜香树，树干像柜柳，它的花又白又密，树叶像橘树叶。想取香料就砍伐掉它。多年后，它的根、干、枝、节颜色会各不相同。木材的心材和枝节坚硬发黑能沉入水中的，叫沉香。漂在水面的，叫鸡骨香。根制成的，叫黄熟香。树干，叫栈香。细小的枝条质地紧实没有腐烂的，叫青桂香。根节又大又轻的叫马蹄香。它的花不香，果实能制香，叫鸡舌香。是珍稀的奇异树木。

除了蜜香树，我国南方地区的莞香树，以及产于马来半岛和印度尼西亚的鹰木香树，也是目前沉香界认可的沉香树。沉香、鸡骨香、黄熟香、栈香、青桂香、马蹄香等香料都是取自这些香木的不同部位，或以形定名，或以品质分类。如鸡骨香，就是形似鸡骨的。鸡舌香应该就是外观类似鸡舌的。但是今天人们所用的鸡舌香却并不是蜜香树的果实，而是桃金娘科蒲桃属植物丁香的果实和干燥花蕾，也叫鸡舌丁香、丁子香。这种香料丁香，与诗词中充满哀怨的观赏丁香也没什么关系。

古时我国南方一些地名中带“香”字的“香山”“香岭”之地，多半都曾是沉香树的产地，广东省东莞地区种植的比较多，所以有“莞香”闻名，这种香料就是白香木，也叫土沉香。中山市古称“香山”，2011年被中国野生植物保护协会授予“中国沉香之乡”的称号。香港特别行政区的名字中“香港”二字据说最初就是因作为运送莞香的港口而得名。除了产香料之外，这些树木本身也是名贵的木料，由于人类的滥砍滥伐，而愈加稀有难得。

木类
桄榔

桄榔

树似栟榈，实其皮可作绠，得水则柔韧，胡人以此联木为舟。皮中有屑如面，多者至数斛，食之与常面无异。木性如竹，紫黑色，有文理。工人解之，以制弈枰。出九真、交趾。

桄榔树像栟榈，树皮可用来制作绳索，泡水就会变得柔韧，胡人用这种绳索把木头绑在一起做成船。树皮中有木屑像面粉，最多有几十斗，吃起来和普通面粉没什么区别。木材性状像竹子，紫黑色，有花纹，工匠把它剖开来做棋盘。出自九真、交趾一带。

桄榔树中的“面粉”来自树干髓心，捣洗过滤后即得粉状淀粉，可煮粥或制作糕点。像藕粉一样冲调食用的桄榔粉至今仍是广西民间传统美食。桄榔花的花序流出的汁含糖量也很高，可以直接食用，也可以用来制糖、酿酒。桄榔和制作西米的西谷椰子树很像，很多人认为桄榔是原产于南洋群岛的西谷椰子引进我国后的称呼，西谷椰子也是树干髓心含有大量淀粉，是制作西谷米的原料，就是西米露中的西米。

木类
诃梨勒

诃梨勒

树似木梡，花白，子形如橄榄，六路，皮肉相着。可作饮，变白髭发令黑。出九真。

诃梨勒，树像木梡树，花白色，果实形状和橄榄相似，有六个棱，皮肉相连。可以制成饮品，让人的白胡子、白头发变黑。原产于九真郡。又名诃黎勒、诃子、随风子，果实还可入药。张仲景《金匮要略·呕吐哕下利病脉证治》第十七记有一方："气利，诃梨勒散主之。诃梨勒散方：诃梨勒十枚，煨。上一味，为散，粥饮和，顿服。"在藏药学经典著作《晶珠本草》里，诃子被称为"藏药之王"。连佛经中也有对诃梨勒的盛赞，《金光明最胜王经》云："诃梨勒一种，具足有六味。能除一切病，无忌药中王。"近年热播的影视剧《长安十二时辰》中出现的美酒三勒浆，是波斯国上贡唐朝的贡品，唐代宗曾以三勒浆赐进士宴。三勒者，诃黎勒、毗黎勒、庵摩勒。

木类
苏枋

苏枋

树类槐花，黑子。出九真。南人以染绛，渍以大庾之水，则色愈深。

苏枋别称苏方、苏方木、苏枋木、苏木、窊木、赤木、红柴，是一种豆科小乔木，像槐树，羽状复叶，黄色花，果实成熟后扁扁的木质荚果里包裹着黑色的种子。原产于九真郡。南方人用它做绛红色染料，如果用大庾岭地区的水漂染的话，颜色会变得更深。

苏枋做染料是使用其心材，也就是树干的中心部，可以染出绛色或绯色、红色、赤色、朱色等，据说唐代以来四品官服都染自于苏木。我国中医药典籍记载苏木有行血祛淤的功效，传统的“黑豆苏木汤”方剂就是黑豆、苏木、红糖的配方，有健脾补肾、活血通络的功效。

众所周知，端午节的传统食品粽子传说是为了祭奠屈原而发明。在广东阳江一带有一种别具特色的苏木“枧水粽”（阳江俗称“灰裹粽”），糯米加入食用枧水包成的粽子中插上一根火柴棍般大小的苏木，煮熟的粽子呈半透明的金黄色或浅棕色，苏木芯把周围的糯米染成绛红，由内向外逐渐变浅，颜色十分鲜艳美观。传说屈原投江而死，人们为了不让河里的鱼吃屈原的身体，将粽子投入江水中喂鱼，所以粽子里面都要有红色，以此来骗过水里的鱼。

木类
水松

水松

叶如桧而细长。出南海。土产众香，而此木不大香，故彼人无佩服者。岭北人极爱之，然其香殊胜在南方时。植物无情者也，不香于彼而香于此，岂屈于不知己而伸于知己者欤？物理之难穷如此。

松自古被视为百木之长，富含树脂，全株具有香味，岁寒不凋，是强韧生命力的代表植物。水松是我国特有的树种，属于国家一级保护植物。木材实用价值大，枝、叶及球果可入药。树形更是优美，可作庭园树种。

水松的叶子像桧树但更细长，原产于南海郡。当地盛产香料，但这种树不太香，所以当地人没有佩戴水松制品的。岭北人却很喜欢它，因为它的香味远胜于在南方时。植物是没有感情的，在南方不香，在北方却香，难道不是在不喜欢自己的人面前委屈，在自己喜欢的人面前尽情舒展！万物之理真是难以参透。

木类
刺桐

刺桐

其木为材，三月三时，布叶繁密，后有花，赤色，间生叶间，旁照他物，皆朱殷。然三五房凋，则三五复发，如是者竟岁。九真有之。

刺桐树干可以作木材，三月三的时候，枝叶茂密，然后开花，红色的花开在树叶间，映的旁边的其他东西都是红色的。三五朵凋谢了，又有三五朵开放，这样交替一整年。九真郡有这种树。宋普济和尚在《五灯会元》一书中说刺桐具有预卜年景的奇特功能：如果先长叶后开花，则预示当年年丰，否则相反。宋代丁谓曾到泉州做官，他听说人们以刺桐先花还是先叶来预测年成，于是便写了一首《咏泉州刺桐》诗："闻得乡人说刺桐，叶先花发始年丰。我今到此忧民切，只爱青青不爱红。"今天的福建省泉州市曾别称刺桐城，唐时环城皆种植刺桐，旅行家马可·波罗在游记中就以刺桐称泉州。刺桐花又称苍梧花，《异物志》载："苍梧即刺桐，岭南多此物，因以名郡。"说的就是以苍梧命名的广西梧州市。《本草纲目》中海桐释名刺桐，以海桐皮入药。

木类
棹

棹

树干、叶俱似椿，以其叶鬻汁渍果，呼为棹汁。若以棹汁杂彘肉食者，即时为雷震死。棹出高凉郡。

棹树的树干、树叶都像椿树，用树叶煮汁浸泡果实，叫棹汁。如果吃了棹汁掺的猪肉，当时就会被雷电震死。棹树原产于高凉郡。广东湛江的雷州市，据说就是因为当地多雷而得名。唐代房千里的《投荒杂录》记载雷州人对于雷十分虔敬且畏惧，常常准备酒肉来祭奠它。他们用棹树煮出的水浸泡酸梅和李子，称为“棹汁”，而将“棹汁”与猪肉掺在一起食用时，会致霹雳临头。这种传说也许是因为当地雷暴伤人频发，古人又将雷暴神化的结果。

木类
杉

杉

一名披粘。合浦东二百里有杉一树，汉安帝永初五年春，叶落，随风飘入洛阳城，其叶大常杉数十倍。术士廉盛曰：『合浦东杉叶也，此休徵，当出王者。』帝遣使验之，信然。乃以千人伐树，役夫多死者。其后三百人坐断株上食，过足相容。至今犹存。

杉树，又叫披粘。合浦郡东面约二百里有一棵杉树，汉安帝永初五年（111）的春天，有杉树叶随风飘到洛阳城，这叶子比寻常杉树叶大几十倍。有个叫廉盛的术士说："这是合浦郡东边杉树的叶子，是吉兆，要出现王者。"汉安帝派人去查看，果然见到了那棵树，就让上千人去砍树，许多差役都累死了。后来有三百人坐在砍断的树上吃饭，完全能容纳。树桩现在还保存着。合浦郡是汉武帝元鼎六年（前 111 ）设置的，今有广西合浦县，自古以来便以盛产珍珠闻名，合浦南珠一直都是皇家贡品。合浦的杉叶，当然是不可能随风飘落到洛阳城的，旧时合浦是王公贵族流徙之地，大概是怕那些人卷土重来，才利用合浦"当出王者"的谣言斩草除根。后来"合浦叶"作为典故入诗有了不同的意味，成了漂泊盼归的代名词。

杉木树干挺直，木材芳香，不易腐蚀，常用来作建材及制作各种器具，民间有"除了杉木不算材"的俗谚。

木类
荆

荆

宁浦有三种：金荆可作枕，紫荆堪作床，白荆堪作履。与他处牡荆、蔓荆全异。又彼境有牡荆，指病自愈。节不相当者，月晕时刻之，与病人身齐等，置床下，虽危困亦愈。

宁浦县（今广西东南部）有三种荆树：金荆可以用来做枕头，紫荆可以用来做床，白荆可以用来做鞋子。能做枕头的“金荆”、能做床的“紫荆”和能做鞋子的“白荆”，都属于荆树，和其他地方的牡荆、蔓荆等荆类植物全然不同。早在汉代的《古歌》中就有“金荆持作枕，紫荆持作床”的诗句。唐代杜宝《大业拾遗录》云：“南方林邑诸地，在海中。山中多金荆，大者十围，盘屈瘤蹙，纹如美锦，色如真金。工人用之，贵如沉、檀。此皆荆之别类也。”说金荆纹理如锦缎，颜色如真金，和沉香木、檀香木一样珍贵。著名书画家、收藏家溥心畬曾画自己用过的金荆枕，并于画中题记《金荆枕并赋》感怀旧物。宋周去非《岭外代答·卷六·器用门》中介绍，紫荆木除了能做床外，还能做房梁，既是家具材料，又是建筑材料。白荆坚韧，可以编制各种用具。

还有一种牡荆，传说用它指着病人，病人就能自己痊愈。拿分节不等的牡荆，月晕的时候雕刻成和病人身量相同的样子放在床下，即便是病危的人也能痊愈。《汉书·郊祀志》中记载牡荆茎是当时人们制作“幡竿”的重要材料。南朝医药学家陶弘景在他的修仙法诀道书《登真隐诀》中说牡荆的叶、花都能通灵。古时贫妇以荆为钗，《史记》所载廉颇“负荆请罪”的荆，是荆杖一类的刑具。我们耳熟能详的“荆楚之地”，也是因为盛产荆而得名。

木类
紫藤

紫藤

叶细长，茎如竹根，极坚实，重重有皮。花白，子黑，置酒中，历二三十年亦不腐败。其茎截置烟炱中，经时成紫香，可以降神。

紫藤，又名藤萝，叶细长，茎像竹根，特别坚实。除紫色品种外，还有粉、白、黄等花色。旧时老北京有道春日流行的应时小吃藤萝饼，就是用新鲜紫藤花糅以白糖、猪油为馅制作的，香甜可口，和玫瑰饼齐名。白花紫藤的树皮有好几层，豆荚状的果实里有黑色的种子，放在酒中，过二三十年也不会腐败。紫藤茎截断放在烟灰中，过一段时间就成了紫香，可以用来拜神祈福。苏州的拙政园里有一株四百余岁的古藤萝，相传是文徵明手植的，至今年年盛开。

木类
榼藤

榼藤

依树蔓生，如通草藤也。其子紫黑色，一名象豆，三年方熟。其壳贮药，历年不坏。生南海。解诸药毒。

榼藤是缠绕在树上的蔓生植物，像通草藤。果实是紫黑色的，又叫象豆，三年才成熟，果壳用来储存药，可以保存几年不坏。生长在南海郡，可以解各种毒。其解毒功效古人医书多有记载，但经科学研究它的种子是有毒的，现在的处方中已经不用了。由于它的藤蔓遒劲盘曲可达百米甚至更长，如过江之龙，又名过江龙。荚果长达 1 米，被认为是世界上最大的豆类种子。成熟的果实干燥后可长期保存，是天然的工艺品。茎皮及种子均含皂素，可用于制作肥皂、洗发水之类。

木类
蜜香纸

蜜香纸

以蜜香树皮叶作之，微褐色，有纹如鱼子，极香而坚韧，水渍之不溃烂。太康五年，大秦献三万幅，常以万幅赐镇南大将军当阳侯杜预，令写所撰《春秋释例》及《经传集解》以进。未至而预卒，诏赐其家，令上之。

蜜香纸，是用蜜香树的皮和树叶制作的，浅褐色，有像鱼子一样的纹理，很香而且坚韧，泡水也不会破碎。太康五年（284），大秦国进贡了三万幅蜜香纸，晋武帝赏赐给镇南大将军当阳侯杜预一万幅，命令他抄录其撰写的《春秋释例》和《经传集解》进呈。纸还没送到杜预就去世了，晋武帝就赏赐给了他的家人，让他们收藏。

蜜香树就是产沉香等香料的树，蜜香纸所用原料就是沉香类植物的韧皮，用如此珍贵的树造出的纸，可见不凡。清代屈大均《广东新语》也记载："东莞出蜜香纸，以蜜香木皮为之，色微褐，有点如鱼子。其细者光滑而韧，水渍不败，以衬书，可辟白鱼。"说蜜香纸放在书中做衬页可防蠹虫。如今沉香价比黄金，用沉香树皮造纸已不大可能，蜜香纸的身影只能在史料记载中寻觅了。

木类
拖香履

抱香履

抱木生于水松之旁，若寄生然。极柔弱，不胜刀锯，乘湿时刳而为履，易如削瓜。既干则韧，不可理也。履虽猥大，而轻者若通脱木，风至则随飘而动。夏月纳之，可御蒸湿之气。出扶南、大秦诸国。太康六年，扶南贡百双，帝深叹异，然哂其制作之陋，但置诸外府，以备方物而已。按东方朔《琐语》曰：『木履起于晋文公时。介之推逃禄自隐，抱树而死。公抚木哀叹，遂以为履。每怀从亡之功，辄俯视其履，曰：悲乎，足下！「足下」之称亦自此始也。』

抱木生长在水松旁边，像寄生在水松上，特别柔弱，经不起刀锯。趁抱木湿润的时候剖开做成木鞋，像削瓜果一样容易。等到干了变结实了，就没法改动了。这种木鞋虽然粗大，但却轻的像通脱木，风吹来就能随风飘动。夏天穿着可以抵挡湿热之气。原产于扶南、大秦等国。太康六年（285），扶南国进贡了上百双，晋武帝惊叹，却嘲笑这种鞋制作简陋，就放在了外库，作为储备而已。东方朔《琐语》说：木鞋始于春秋时期的晋文公。介之推拒绝高官厚禄隐居，晋文公为了请出他，派人放火烧山，却逼得介之推抱着树被烧死。晋文公抚摸着那棵树哀婉叹息，就把它做成鞋子。每每怀念当年介之推随他逃亡的功劳，就低头看看自己的鞋子说：伤心啊，足下！“足下”的称呼就是从这来的。

雨靴还未普及时，雨天人们也穿木屐防水，后来有了更好的替代品，木屐也就慢慢被淘汰了。在日本却是普及并形成了文化的东西，人字拖一样的木屐曾是日本服饰的传统搭配，可能是由于日本潮湿，多雨雪的气候环境，木屐这种鞋比较实用吧。

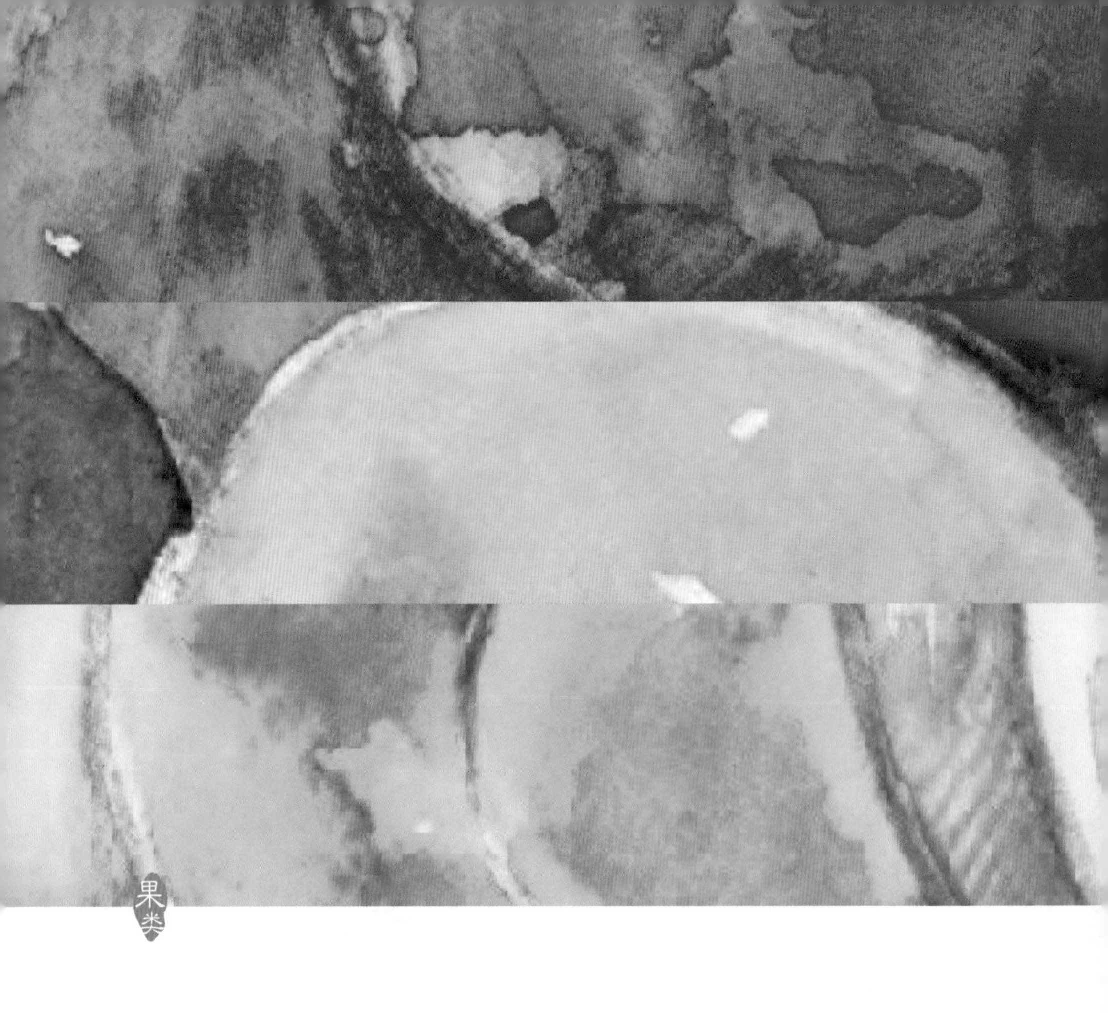

果类

槟榔
荔枝
椰
杨梅
橘
柑
橄榄
龙眼
海枣

千岁子
五敛子
钩缘子
海梧子
海松子
庵摩勒
石栗
人面子

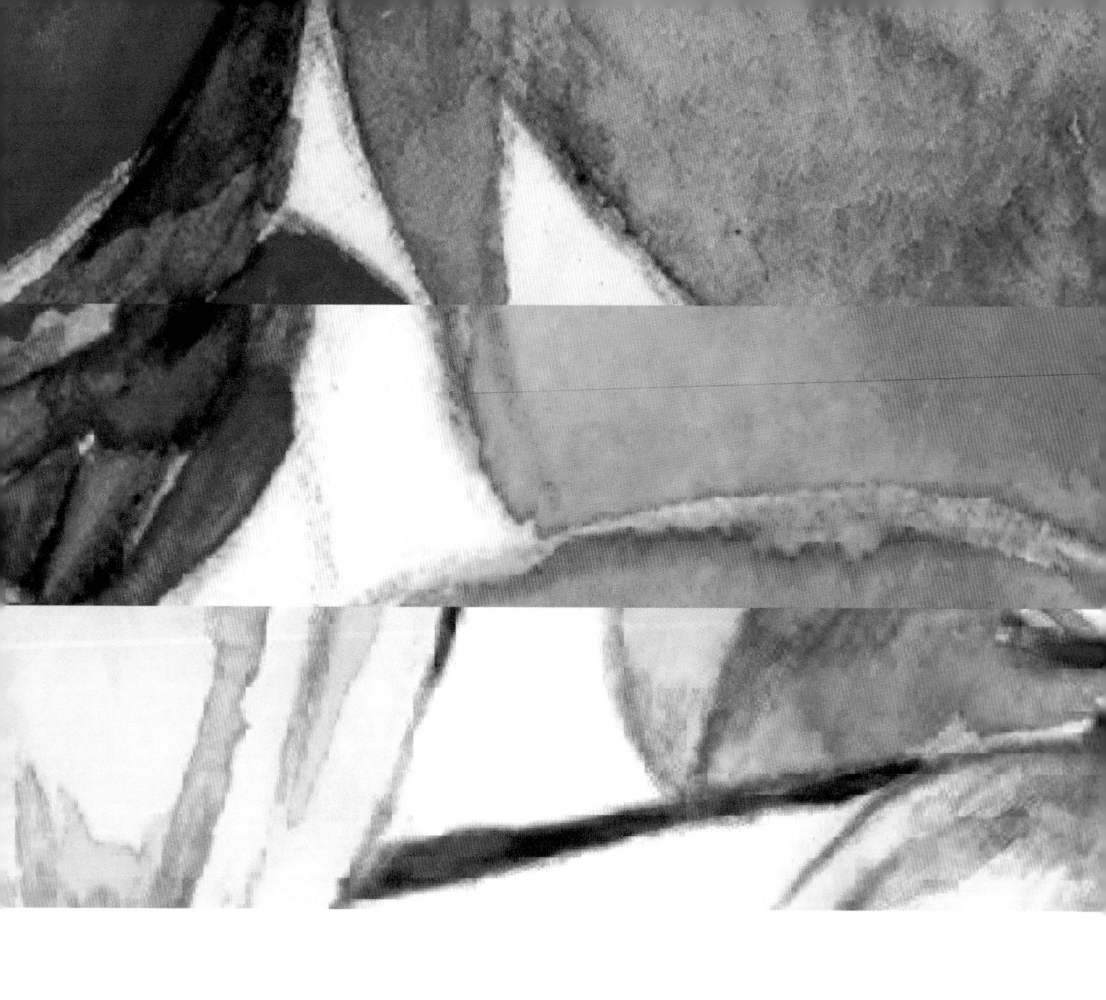

南方草木状新编

果类

果类
槟榔

槟榔

树高十余丈，皮似青铜，节如桂竹。下本不大，上枝不小，调直亭亭，千万若一，森秀无柯，端顶有叶。叶似甘蕉，条派开破。仰望眇眇，如插丛蕉于竹杪。风至独动，似举羽扇之扫天。叶下系数房，房缀数十实，实大如桃李，天生棘重累其下，所以御卫其实也。味苦涩，剖其皮，鬻其肤，熟如贯之，坚如干枣。以扶留藤、古贲灰并食则滑美，下气消谷。出林邑，彼人以为贵，婚族客必先进。若邂逅不设，用相嫌恨。一名宾门药饯。

槟榔树高十几丈，树皮像青铜，桂竹一样的节。树干上下粗细一般，挺拔直立，每棵树都一样，没有杂枝，顶端长叶片。树叶像芭蕉叶，羽状复叶。仰望高高的树像把一丛丛芭蕉叶插在竹竿顶上。风吹树摇，像举着羽扇扫过天空。树叶下有许多花房，每个花房都能结出几十个果实，果实和桃子李子一般大，下面天然生长着刺一样的萼片保护着果实。味道苦涩，剖开果皮，煮熟穿起来晾干像干枣一样硬。搭配蒟酱和牡蛎粉一起吃，口感滑美，通气消食。这种果子产自林邑（今越南中部，西汉时设象郡象林县），当地人认为是珍贵的东西，婚礼时必定先用槟榔招待宾客。如果偶然与人相遇没来得及准备，还可能招来怨恨。

以槟榔待客、供奉神明，一度是岭南地区黎族人心中不可或缺的文化传统。

槟榔别名宾门药饯。李时珍《本草纲目》解释说："宾与郎皆为贵客之称，贵客临门先用此果招待，故在宾郎前加木以名槟榔。"槟榔是四大南药（槟榔、砂仁、益智仁、巴戟天）之一。其种子、果皮、雄性花蕾均可入药。槟榔里含有的槟榔碱有刺激神经系统使人兴奋的作用，许多人吃槟榔认为可以增加能量、提神，然而槟榔却是一级致癌物，经常食用会导致口腔癌。因槟榔碱具有致幻性，在许多国家槟榔甚至被认定为毒品。

果类
荔枝

荔枝

树高五六丈余，如桂树，绿叶蓬蓬，冬夏荣茂，青华朱实。实大如鸡子，核黄黑，似熟莲；实白如肪，甘而多汁，似安石榴。有甜酢者，至日将中，翕然俱赤，则可食也，一树下子百斛。《三辅黄图》曰：『汉武帝元鼎六年，破南越，建扶荔宫。扶荔者，以荔枝得名也。自交趾移植百株于庭，无一生者，连年移植不息。后数岁，偶一株稍茂，然终无华实，帝亦珍惜之。一旦，忽萎死，守吏坐诛死者数十，遂不复茂矣。其实则岁贡焉，邮传者疲毙于道，极为生民之患。』

荔枝原产我国华南地区，属于热带水果。荔枝树高五六丈，像桂木，四季常绿。开青白色的花，果实形状像初生的松球，大的像鸡蛋一样大，外壳有皱纹，由青变红逐渐成熟，果核黄黑色，似黑硬的老莲子，果肉淡白如凝脂，甘甜多汁。宋代诗人苏轼被贬官广东惠州时品尝到鲜美的荔枝，就作诗感叹："日啖荔枝三百颗，不辞长作岭南人。"

现在的荔枝品种多达十几种，如三月红、桂味、糯米糍、妃子笑、水晶球、挂绿、元红、陈紫、圆枝、黑叶、淮枝、兰竹等。妃子笑这个品种得名于杜牧的《过华清宫》诗："长安回望绣成堆，山顶千门次第开。一骑红尘妃子笑，无人知是荔枝来。"唐朝的杨贵妃喜欢吃荔枝，唐玄宗不惜劳民伤财，派人用专用驿马日夜兼程从千里之外的南方运荔枝到长安供杨贵妃享用。

杜牧的这首诗让荔枝在文学作品中声名大噪，杨贵妃也因此留下了千古骂名，但其实荔枝在汉代已经是重要的贡品了。《三辅黄图》记载，汉武帝元鼎六年（前 111），征服南越，建造扶荔宫，"扶荔"就是从荔枝得来的名字。汉武帝下令从交趾郡移植了上百株荔枝到王宫，但没有一株成活。每年不停地移植，几年后，偶然有一株成活，却始终不开花结果，即使这样汉武帝也很珍视这株荔枝树。一天这棵树突然枯死了，几十名看护荔枝树的官吏被连坐处死，之后王宫里再也没有荔枝树了。荔枝果还是作为贡品每年送至宫中，常有运送的人累死在途中，给百姓造成极大的痛苦。

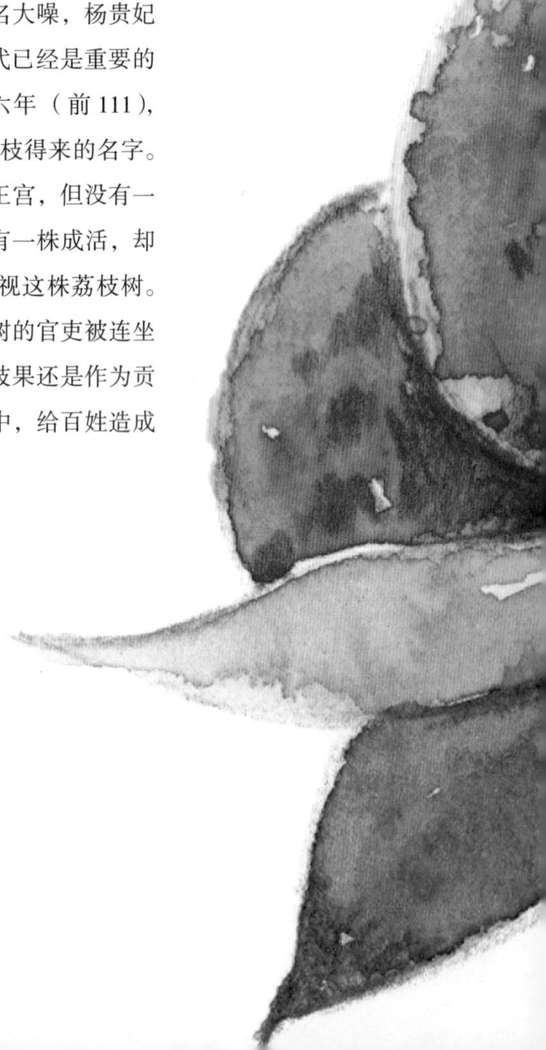

果类
椰

椰

树叶如栟榈，高六、七丈，无枝条。其实大如寒瓜，外有粗皮，次有壳，圆而且坚。剖之有白肤，厚半寸，味似胡桃，而极肥美。有浆，饮之得醉。俗谓之越王头，云：昔林邑王与越王有故怨，遣侠客刺得其首，悬之于树，俄化为椰子。林邑王愤之，命剖以为饮器（南人至今效之）。当刺时，越王大醉，故其浆犹如酒。

椰树，叶像棕榈叶，树高六七丈，没有枝条。果实像寒瓜一样大，外面有粗糙的皮，然后是果壳，又圆又硬。剖开果实有半寸厚的白色果肉，味道像胡桃，特别鲜美。果浆喝起来像酒一样醉人，俗称“越王头”。据说古时林邑王与越王有旧仇，派侠客刺杀越王，砍下他的头挂在树上，一会儿就变成了椰子。林邑王很愤怒，让人把椰子剖开当作喝水的器具，南方人至今还在效仿。刺杀越王是在他喝醉时，所以说椰浆像酒。

除了天然饮料椰子水，椰子故乡的人们穷尽椰子的吃法，特产颇多，有椰子鸡、海南清补凉、椰子饭、椰子糕、椰子糖等。近年来椰子走红后，诞生了饮品新宠生椰拿铁、清新小甜点椰子冻奶茶、椰肉烤干的椰子片，还有万能椰子油。椰壳工艺品琳琅满目，利用椰子壳变废为宝制作的勺、碗、瓢等日常用品也深受大众喜爱。

果类
杨梅

杨梅

其子如弹丸，正赤。五月中熟，熟时似梅，其味甜酸。陆贾《南越行纪》曰：『罗浮山顶有胡杨梅、山桃绕其际，海人时登采拾，止得于上饱啖，不得持下。』东方朔《林邑记》曰：『林邑山杨梅，其大如杯碗，青时极酸；既红，味如崖蜜。以酝酒，号梅香酎，非贵人重客，不得饮之。』

杨梅果实像弹丸，正红色。五月中旬成熟，成熟时像梅子，味道酸甜。陆贾《南越行纪》记载："罗浮山山顶有胡杨梅、山桃环绕。海边的人经常登山采摘，只能在山上饱餐，不能带到山下。"东方朔《林邑记》记载："林邑山的杨梅，像杯子和碗一样大，青的时候特别酸，红了味道如崖蜜一样甜。用来酿酒，被称为梅香酎，不是尊贵的客人轻易喝不到。"

杨梅酒至今仍是江南人家特色的家酿美酒。以白酒浸泡杨梅，炎炎夏日，吃几颗被白酒浸泡过的杨梅，可防中暑。夏至杨梅满山红，这时节采杨梅是吴越风情之一。《本草纲目》中说"杨梅涤肠胃"，酸甜的杨梅有消暑、健脾、增进食欲之功效。

果类
橘

橘

白华、赤实，皮馨香，有美味。自汉武帝，交趾有橘官长一人，秩二百石，主贡御橘。吴黄武中，交趾太守士燮献橘十七实同一蒂，以为瑞异，群臣毕贺。

一年好景君须记，最是橙黄橘绿时。秋冬季节来到，柑橘类水果就摆满了水果摊。柑橘常并称，但柑畏寒，橘稍耐寒，所以张九龄《感遇》诗中说“江南有丹橘，经冬犹绿林”。橘，白花，红果，果皮馨香，果肉美味。汉武帝时，交趾郡就设有橘官长一职，俸禄二百石，负责进贡橘子。三国时吴国黄武年间，交趾郡太守士燮向孙权进献了一蒂同结的十七个橘子，认为是祥瑞，群臣都来祝贺。

《楚辞》有专章《橘颂》称颂橘是“后皇嘉树”。国人喜欢讨口彩，什么植物代表什么都有一番讲究，比如“桂”代表富贵，“藕”是佳偶，“佛手”谐音福寿，橘则通“吉”，橘子就代表吉祥，人们习惯上把这种吉祥的水果写成桔子。

果类
柑

柑

乃橘之属，滋味甘美特异者也。有黄者，有赪者。赪者谓之壶柑，交趾人以席囊贮蚁鬻于市者。其窠如薄絮，囊皆连枝叶，蚁在其中，并窠而卖。蚁，赤黄色，大如常蚁。南方柑树若无此蚁，则其实皆为群蠹所伤，无复一完者矣。今华林园有柑二株，遇结实，上命群臣宴饮于旁，摘而分赐焉。

柑橘类水果，是世界第一大水果，包含了橘、柑、橙、柚、葡萄柚、柠檬等，以及它们之间的杂交后代，形态不一，味道或酸或甜。柑是柑橘类水果中味道特别甜美的一种。《本草纲目》记载："其树无异于橘，但少刺耳。柑皮比橘色黄而稍浓，理稍粗而味不苦。橘可久留，柑易腐败。柑树畏冰雪，橘树略可。"柑的颜色有黄有红。红色的叫壶柑，交趾郡人用席袋装着蚂蚁在市场上售卖的那种。蚁巢像薄棉絮，袋子连着枝叶，蚂蚁在里面，连蚁巢一起卖。这种蚂蚁是赤黄色的，和常见的蚂蚁一样大。南方的柑橘树如果没有这种蚂蚁，果实就要被虫蛀坏掉，没有一个完好的。这种蚁叫黄柑蚁，以虫治虫可谓是早期生物防治技术的一项创举。华林园中有两株柑橘树，一结果皇上就让大臣们在树旁宴饮，摘了果子赏赐给他们。相传在唐代，大臣将甜美的广西柑子献给武则天，女皇大赞柑的清爽甘甜，遂令每年进贡，成为唐朝时的宫廷特贡水果，因此得名"贡柑"。因是皇帝极其喜爱的水果，所以又叫"皇帝柑"。

果类
橄榄

橄榄

树身耸，枝皆高数丈。其子深秋方熟，味虽苦涩，咀之芬馥，胜含鸡骨香。吴时岁贡，以赐近侍。本朝自太康后亦如之。

橄榄树树干高直，树枝也都几丈高。果实到深秋才成熟，味道虽然苦涩，咀嚼时散发芳香，比含着鸡骨香更香。橄榄果是吴国每年进贡的贡品，被皇帝用来赏赐给身边的人。晋武帝太康元年（280）之后也是如此。

西方的橄榄是木樨科植物，为油橄榄，多用来榨油，油渣可以拿来制作香皂。岭南的橄榄则是橄榄科植物，多当作水果食用。橄榄果子多结在树顶，不便采摘，前人发明了一种奇特的方法，在树身割一道口子，撒上盐，其果子既能自落。东坡《橄榄》诗说："纷纷青子落红盐，正味森森苦且严。待得微甘回齿颊，已输崖蜜十分甜。"鲜橄榄的妙处是吃时酸涩回味特甘。除鲜食外，还可加工成盐渍橄榄、蜜饯橄榄、五香橄榄、甘草榄等。橄榄加芥菜叶制作的橄榄菜是潮汕地区所特有的风味小菜。广东乌榄做的榄角，用作清蒸海鲜和鱼类的调味品最是入味。敲开乌榄核取出榄仁肉，略用油炸之后炒菜，味道比其他坚果更清香。还有一种特别大的乌榄核，很适宜做雕刻，成就了广东特色工艺之一的榄雕。

果类
龙眼

龙眼

树如荔枝，但枝叶稍小，壳青黄色，形圆如弹丸，核如木梡子而不坚，肉白而带浆，其甘如蜜，一朵五六十颗，作穗如葡萄。然荔枝过，即龙眼熟，故谓之『荔枝奴』，言常随其后也。《东观汉记》曰：『单于来朝，赐橙、橘、龙眼、荔枝。』魏文帝诏群臣曰：『南方果之珍异者，有龙眼、荔枝，令岁贡焉。』出九真、交趾。

龙眼树和荔枝树一样，但枝叶稍微小一点，果壳青黄色，像弹丸一样圆，果核像木梡子但不坚硬，果肉白色有果浆，味道甘甜如蜜糖。一朵花能结五六十颗果实，像葡萄一样成穗状。因为荔枝季过后龙眼就熟了，所以被叫作“荔枝奴”，意思是说总跟在荔枝后面。然而龙眼生命力顽强，不似荔枝娇贵，不须多照料也能结果，即便在野外也能挂果累累，而野荔枝几乎不结子。龙眼与荔枝的甜也各有风味，若说荔枝是富贵锦绣的甜，龙眼则是清香甘爽。东坡足迹遍布岭南，在廉江吃了龙眼，就觉得比荔枝实在不差，赋诗《廉州龙眼质味殊绝可敌荔支》。《东观汉记》记载：“单于来朝拜，皇帝赏赐给他橙、橘、龙眼、荔枝。”魏文帝曾给群臣下诏说：“南方珍稀奇异的水果有龙眼、荔枝，要每年都进贡。”龙眼多产于九真、交趾郡。晒干的龙眼叫桂圆。广东人煲汤，有时会放几粒桂圆，喝起来甜而不腻，令人心神舒畅。

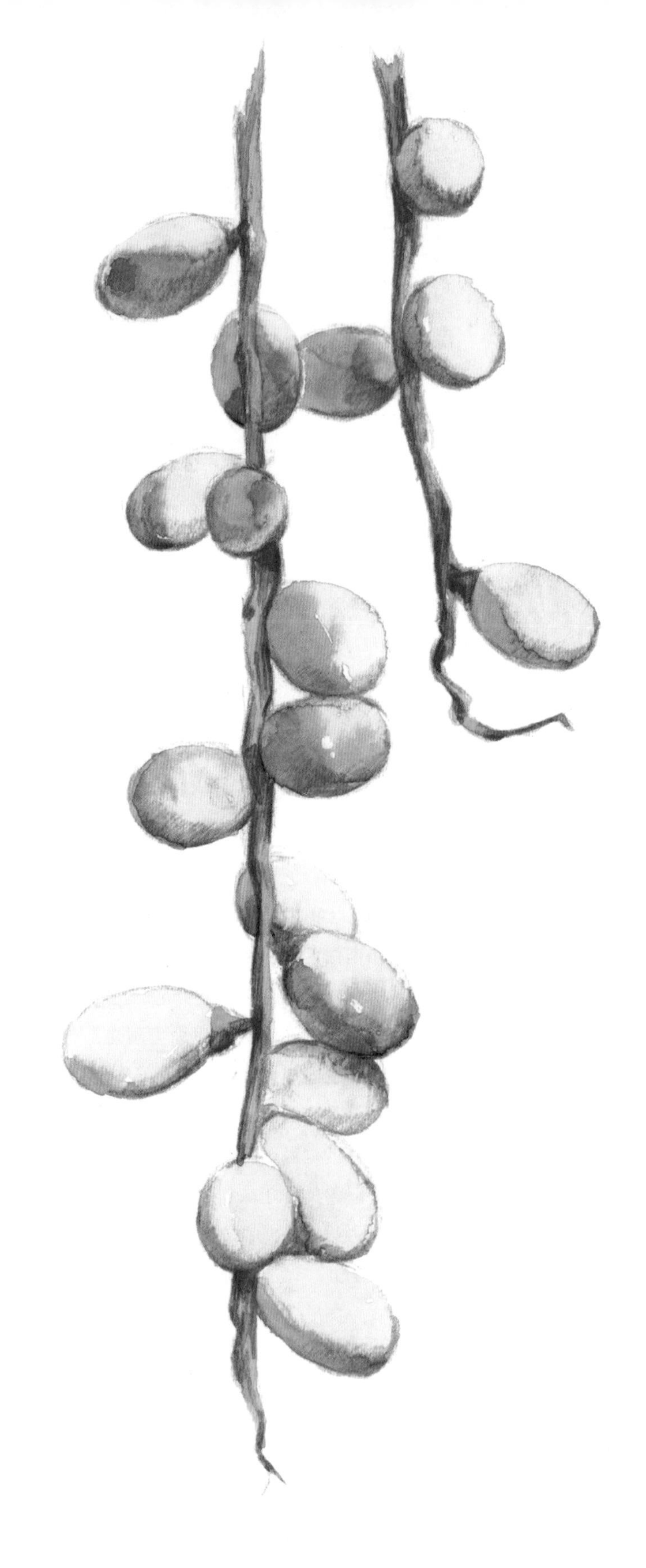

果类

海枣

海枣

树身无闲枝，直耸三四十丈，树顶四面共生十余枝，叶如栟榈，五年一实。实甚大，如杯碗，核两头不尖，双卷而圆，其味极甘美，安邑御枣无以加也。太康五年，林邑献百枚。昔李少君谓汉武帝曰：『臣尝游海上，见安期生，食巨枣，大如瓜，非诞说也。』

海枣树的树干上没有多余的枝干，笔直耸立有三四十丈高，树顶四面长出十多根枝杈，树叶像棕榈叶，五年一结果。果实很大，像杯子、碗一般，果核的两头不尖，两侧卷起圆圆的，味道特别甜美，安邑上供的御枣也没法比。太康五年（284），林邑进贡了一百枚。汉武帝时期的方士李少君对汉武帝说："我曾经出海游历，见过安期生吃的大枣，像瓜一样大，不是胡说。"

现在常见的海枣没有像杯子、碗，乃至瓜一样大的，大多外形和我国传统的水果枣子很像，大小也差不多，像加工过的蜜枣，因其树外观像椰子树，原产于北非或亚洲西南部的波斯湾地区，又别名椰枣、波斯枣，《本草纲目》称"无漏子"。椰枣果实产量很高，营养丰富，被称为沙漠面包，是中东一些国家的重要出口农作物，可以制成糖果、糖浆、饼干和菜肴等，也是酿酒制醋的原料。

果类
千岁子

千岁子

有藤蔓出土，子在根下，须绿色，交加如织。其子一苞恒二百余颗，皮壳青黄色，壳中有肉如栗，味亦如之。干者，壳肉相离，撼之有声，似肉豆蔻。出交趾。

千岁子的藤蔓在地面上，果实在根下面，根须是绿色的，交织在一起。果实一苞有二百多颗，皮壳是青黄色的，壳中的果肉像栗子，味道也和栗子一样。晒干的千岁子果壳和果肉相互分离，摇着有声响，像肉豆蔻。产于交趾。

果实长在根下，一苞二百多颗，晒干后壳和肉分离，摇着有声响，这些特征很像落花生。民间也有流传称花生为千岁子、长生果、长寿果，汉代的《三辅黄图》中就有记载。花生的美味自不必多说，只是据考证落花生原产于美洲，在晋代并未传入中国。有专家研究发现叉叶苏铁的茎叶生长初期似藤蔓，果实特征及生长地域更符合对千岁子的记载。

果类
五敛子

五敛子

大如木瓜，黄色，皮肉脆软，味极酸，上有五棱，如刻出。南人呼棱为敛，故以为名。以蜜渍之，甘酢而美。出南海。

五敛子就是杨桃，也作羊桃，学名阳桃，像木瓜一样大，黄色，果皮和果肉又脆又软，味道特别酸，果子上有五道棱，像刻出来的。南方人把棱叫作敛，所以叫五敛子。用蜜糖腌渍了吃起来酸甜可口。产于南海郡。阳桃属里还有一个品种叫“三稔”的，味道更酸，广东省中山市沙溪镇有用这种阳桃做的独特美食。比较有名的“三稔汤”是将成熟的阳桃洗净切块，与鲫鱼、眉豆一起煲的汤，汤色奶白，略带酸味，清爽开胃。当地人炖五花肉时也喜欢放点阳桃，以去除肥腻的口感。“三稔包”则是用阳桃干包裹姜丝，再搭配多种配料制成的小吃。

果类
钩缘子

钩缘子

形如瓜，皮似橙而金色，胡人重之。极芬香，肉甚厚白，如芦菔。女工竞雕镂花鸟，渍以蜂蜜，点燕檀，巧丽妙绝，无与为比。太康五年，大秦贡十缶，帝以三缶赐王恺，助其珍味夸示于石崇。

钩缘子又名香橼，外形像瓜，果皮像橙皮却是金色的，胡人很看重这种果子。钩缘子特别香，肉又厚又白，像萝卜。女工竞相在钩缘子上雕刻花鸟图，用蜂蜜浸泡，又用胭脂和檀香点缀，精致巧妙，无与伦比。石崇是西晋时期著名的富豪，王恺是晋武帝的舅舅，二人极尽奢华，经常相互攀比。太康五年（284），大秦国进贡了十缶钩缘子，晋武帝赏赐给王恺三缶，助力他的珍宝可以向石崇夸耀。

钩缘子的一个变种叫佛手，很多画作中都能看到佛手、香橼，古人用佛手、香橼摆果闻香，沁心醒神。清代《花镜》也称“惟香橼清芬袭人，能为案头数月清供”。《浮生六记》中蕙质兰心的芸娘将佛手香味喻作“香中君子”，因其香味“在有意无意间”。云南西南部的少数民族人家把香橼加糖煮，做成蜜饯甜点。潮汕凉果老香黄，也是用佛手、蜂蜜、甘草等腌制而成，切片泡茶，理气和胃，对治咳喘大有裨益。

果类
海梧子

海梧子

树似梧桐，色白，叶似青桐，有子如大栗，肥甘可食。出林邑。

海梧子树像梧桐树，树干发白，树叶像青桐叶，果实像大颗的栗子，肥美香甜可以食用。出自林邑。

虽然目前学界还未能确定海梧子是哪种植物，但有梧桐科常绿乔木苹婆，与海梧子很是相像。苹婆果的果实是蓇葖果（果实的一种类型，属于干果中的裂果，常见的如八角、茴香），成熟时果实裂开，露出乌黑的种子，像凤凰的眼睛，故称“凤眼果”。新鲜的苹婆种子蒸熟后吃起来味道甜糯似板栗，苹婆炆鸡则是岭南地区的一道特色地方菜。《西游记》最后一回唐太宗设宴款待取经归来的唐三藏，所备佳果中就有苹婆。明朝的谢肇淛在《五杂俎》中赞叹：“上苑之苹婆，西凉之葡萄，吴下之杨梅，美矣。”苹婆成熟于七八月份，恰逢“七姐诞”，人们常用这种果实来拜祭七姐，也就是我们所熟悉的织女。

果类
海松子

海松子

树与中国松同，但结实绝大，形如小栗，三角，肥甘香美，亦樽俎间佳果也。出林邑。

海松子树和中原的松树一样，但结的果实特别大，像小栗子，三角形的，肥美香甜，是宴席上的佳果。出自林邑。

松树自古以来都被视为长寿的代表，古人把松子视为延年益寿的“长生果”，典籍中记载的古代方士以松脂炼就的延年益寿方药就更多了。松子是松树的种子，但不是所有松树结出来的松子都可食用。现在常吃的松子是红松的种子，学者们一般认为海松子就是红松，但它却产自东北，又叫“东北松子”。南方松树品种结出来的松子基本不可食用。

果类
庵摩勒

庵摩勒

树叶细，似合昏。花黄，实似李，青黄色。核圆，作六七棱，食之，先苦后甘。术士以变白须发，有验。出九真。

庵摩勒树叶很细，像合欢花的树叶。花黄色，果实像李子，青黄色。果核圆的，有六七道棱，吃起来先苦后甜。术士用来染胡须头发，很有效。产自九真郡。现今印度仍保留着使用庵摩勒制作染发剂和墨水的习惯。庵摩勒果在佛教中被奉为圣果，陆游《六言杂兴》有诗句“世界庵摩勒果，圣贤优钵昙华”，将庵摩勒与佛教天花优钵昙华并举。因为吃起来先苦后甜，所以又叫“余甘子”，果子维生素 C 含量极高。

果类
石栗

石栗

树与栗同，但生于山石罅间。花开三年方结实，其壳厚而肉少，其味似胡桃仁。熟时，或为群鹦鹉至啄食略尽，故彼人极珍贵之。出日南。

石栗树和栗树一样，只是生长在山中石缝里。花开后三年才结果，果壳厚，果肉少，味道类似胡桃仁。成熟时，可能是被成群的鹦鹉啄食得所剩无几，所以当地人很珍视它。产自日南郡（今越南中部）。

今天的广州街头，深秋时节也常见一种落满地无人捡拾的石栗果，因果实形状似栗子，坚硬如石而得名。这种果树别名烛果树、黑桐油树、海胡桃、南洋石栗、烛栗、油果等。很多人都认为石栗果肉有毒，但它却是印尼传统菜中的独特香料，熬制咖喱酱时，加入爆炒出独特油脂香味的石栗茸作调味底料才算正宗。坚硬的石栗种子，还常被做成饰品，比如制成清脆悦耳的铃铛。

果类
人面子

人面子

树似含桃，结子如桃实，无味。其核正如人面，故以为名。以蜜渍之，稍可食。以其核可玩，于席间饤饾御客。出南海。

人面子树像樱桃树，果实也像樱桃，却没什么味道。果核像人面，所以叫人面子。用蜜糖腌渍了，勉强可以吃。因为果核值得把玩，在宴席间被堆叠在果盘里招待宾客。产自南海郡。又叫仁面、银稔或银莲果。据《岭南采药录》载：“人面子性平，味甘酸，醒酒，解毒，治偏身风毒痛痒，去喉痛等症。”果内的种子又可榨油，制肥皂。在物资匮乏的年代，用醋、盐和糖精腌制的银稔青果，可作下饭菜，也是难得的零食。今天一些粤西风味餐厅里还可见这道餐前开胃小食“酸甜银稔”。将新鲜青绿的银稔果洗净晾干，用刀背拍裂，加醋、盐和糖覆盖，密封 2–3 个月即可食用。还有银稔酱蒸鱼，是许多中山人心中“妈妈的味道”。新鲜的银稔果用刀背拍裂加糖、水、盐适量熬至果肉软烂浓稠，银稔酱就做好了。用来蒸鱼、蒸排骨，最能去腥腻，味道酸甜，吃起来颇清爽。

人面子树生长迅速，四季常绿，现今在中山市的很多公园里都有它的身影，是常见的观赏树种。

竹类

云邱竹

思摩竹

箟篣竹

箪 竹

石林竹

越王竹

南方草木状新编

竹类

竹类
云邱竹

一节为船。出扶南。然今交、广有竹，节长二丈，其围一、二丈者，往往有之。

云邱竹的一节竹节就可以做船。出自扶南国。但现今交广一带有一种竹子，每节长两丈，粗一到两丈的也很常见。

云邱也叫员丘，是古代神话中仙人所居的地方。《山海经·大荒北经》记载：“丘方圆三百里，丘南帝俊竹林在焉，大可为舟。”因此云邱竹也叫员丘竹、帝俊竹、舜竹。今天一节就能造一条船的竹子已不可见，而目前所知世界上最大的竹子是云南的巨龙竹，可用来做水桶或大型器具。

竹类

葸簩竹

篤簩竹

皮薄而空多，大者径不过二寸，皮粗涩，以镑犀、象，利胜于铁。出大秦。

篤簩竹皮薄中空大，粗的直径也不超过两寸，表皮粗糙，用来削犀角、象牙，比铁器都锐利。出自大秦。又叫做篤竹、簩竹、百叶竹，《竹谱》中记载这种竹子因一枝生有百叶而得名百叶竹，生长在南方边陲，毒性很强，伤到人就会致死，无药可医，土著人常用来猎杀虎豹。

竹类
石林竹

石林竹

似桂竹，劲而利，削为刀，割象皮如切芋。出九真、交趾。

石林竹像桂竹，强韧锐利，削制成刀具，割象皮如同切芋头。出自九真、交趾一带。桂竹别名斑竹、五月竹、麦黄竹、小麦竹，竹材坚硬，用途甚广。现今有一种名为石竹的，与石林竹名称最为相似，突出特征也是坚硬，可以用来制作各种工具，又叫作净竹。

竹类
思摩竹

思摩竹

如竹大，而笋生其节，笋既成竹，春而笋复生节焉。交广所在有之。

思摩竹和普通竹子一样大，但竹节上会长出竹笋，笋长成竹子，到了春天竹节上又长出笋。交广一带有这种竹子。文献记载中有沙麻竹、粗麻竹、苏麻竹、沙摩竹等读音相似的，大概是转写所致同物异名。

唐刘恂《岭表录异》中载有一种沙摩竹："桂广皆植，大如盆碗。竹厚而空小，一人止擎一茎，堪为茆屋之椽梁也。其种者，钐其竿，每截二尺许，钉入土，不逾月而生根叶，明年长芽笋，不三载而为林。"这种竹子大而结实，可做茅屋的椽梁，而且繁殖能力很强，砍一节竹竿插入土中，很快就能生根结笋，不出三年就成林。繁殖能力强，与这里思摩竹"笋生其节，笋既成竹，春而笋复生节焉"的特征倒是很一致，至于大到可做椽梁的，就需要生长时间了，一时难以见到成材的也未可知。

竹类
箪竹

箪竹

叶疏而大，一节相去五、六尺。出九真。彼人取嫩者捶浸，纺绩为布，谓之竹疏布。

箪竹叶子稀疏但叶片很大，竹节之间有五六尺的距离。产自九真郡。当地人取鲜嫩的箪竹捶打浸泡，纺织成布，叫作竹疏布。《竹谱》中也有记载岭南人采挖还没长成竹子的箪竹笋，用灰水煮过之后纺织成布，纺得精细的就像带皱的绢纱。当代慈竹属中有一种单竹，民间俗称苦慈竹，加工成的竹篾丝，细腻柔韧，用来编织高档的竹编工艺品。

竹类
越王竹

越王竹

根生石上，若细荻，高尺余，南海有之。南人爱其青色，用为酒筹，云越王弃余筭而竹生。

越王竹的根长在石头上，像细细的芦苇，高一尺多，南海郡有。南方人喜欢它的青色，用来做饮酒时行令的筹子，传说越王丢弃剩余计数筹码的地方长出了这种竹子。

说起根生石上的竹子，最容易让人想到中国花鸟画里的竹石题材。无竹不居的大画家郑板桥就留下了大量竹画和咏竹诗，其中一首后世人耳熟能详的题画诗《竹石》："咬定青山不放松，立根原在破岩中。千磨万击还坚劲，任尔东南西北风。"赞美的就是顽强执着扎根在石缝中的竹子。根系发达，根上易生芽的特点，成就了竹子极强的生命力。有点土壤和水分就能生长，所以会有石缝中生长的竹子。现在常见生长在山谷溪石边的竹子有一种凤尾竹，同传说中的越王竹一样茎干细小，矮矮丛生。